U0296720

编 委 会

高职高专项目导向系列教材

S7-300PLC控制系统的构成与调试

石学勇　主编
朱　彬　副主编
郑　浩　主审

化学工业出版社
·北京·

本书以项目化教学的方式，选取了六个学习情境，在每个学习情境中又设立了能够承载知识点的学习任务，由浅入深地介绍了 S7-300PLC 的系统组成、工作原理和组态技术，STEP7 编程软件的安装和使用，变频器的相关知识，如何实现变频调速控制。根据水箱温度控制的学习情境，介绍如何实现对模拟量的采集及控制，S7-300PLC 的 MPI、PROFIBUS 和以太网通信技术。

本书不仅可作为高职高专石油、化工、轻工、林业、冶金、造纸等相关专业的教材，也可供相关专业其他层次的职业技术院校以及企业的工程技术人员使用。

图书在版编目（CIP）数据

S7-300PLC 控制系统的构成与调试 / 石学勇主编. —北京：化学工业出版社，2012.8（2023.2 重印）
高职高专项目导向系列教材
ISBN 978-7-122-14895-7

Ⅰ. ①S… Ⅱ. ①石… Ⅲ. ①PLC 技术-高等职业教育-教材 Ⅳ. ①TM571.6

中国版本图书馆 CIP 数据核字（2012）第 163089 号

责任编辑：廉 静　　文字编辑：徐卿华
责任校对：顾淑云　　装帧设计：刘丽华

出版发行：化学工业出版社（北京市东城区青年湖南街 13 号　邮政编码 100011）
印　　装：北京虎彩文化传播有限公司
787mm×1092mm　1/16　印张 7¼　字数 166 千字　2023 年 2 月北京第 1 版第 4 次印刷

购书咨询：010-64518888　　售后服务：010-64518899
网　　址：http: // www. cip. com. cn
凡购买本书，如有缺损质量问题，本社销售中心负责调换。

定　　价：22.00 元

序

辽宁石化职业技术学院是于2002年经辽宁省政府审批，辽宁省教育厅与中国石油锦州石化公司联合创办的与石化产业紧密对接的独立高职院校，2010年被确定为首批“国家骨干高职立项建设学校”。多年来，学院深入探索教育教学改革，不断创新人才培养模式。

2007年，以于雷教授《高等职业教育工学结合人才培养模式理论与实践》报告为引领，学院正式启动工学结合教学改革，评选出10名工学结合教学改革能手，奠定了项目化教材建设的人才基础。

2008年，制定7个专业工学结合人才培养方案，确立21门工学结合改革课程，建设13门特色校本教材，完成了项目化教材建设的初步探索。

2009年，伴随辽宁省示范校建设，依托校企合作体制机制优势，多元化投资建成特色产学研实训基地，提供了项目化教材内容实施的环境保障。

2010年，以戴士弘教授《高职课程的能力本位项目化改造》报告为切入点，广大教师进一步解放思想、更新观念，全面进行项目化课程改造，确立了项目化教材建设的指导理念。

2011年，围绕国家骨干校建设，学院聘请李学锋教授对教师系统培训“基于工作过程系统化的高职课程开发理论”，校企专家共同构建工学结合课程体系，骨干校各重点建设专业分别形成了符合各自实际、突出各自特色的人才培养模式，并全面开展专业核心课程和带动课程的项目导向教材建设工作。

学院整体规划建设的“项目导向系列教材”包括骨干校5个重点建设专业（石油化工生产技术、炼油技术、化工设备维修技术、生产过程自动化技术、工业分析与检验）的专业标准与课程标准，以及52门课程的项目导向教材。该系列教材体现了当前高等职业教育先进的教育理念，具体体现在以下几点：

在整体设计上，摈弃了学科本位的学术理论中心设计，采用了社会本位的岗位工作任务流程中心设计，保证了教材的职业性；

在内容编排上，以对行业、企业、岗位的调研为基础，以对职业岗位群的责任、任务、工作流程分析为依据，以实际操作的工作任务为载体组织内容，增加了社会需要的新工艺、新技术、新规范、新理念，保证了教材的实用性；

在教学实施上，以学生的能力发展为本位，以实训条件和网络课程资源为手段，融教、学、做为一体，实现了基础理论、职业素质、操作能力同步，保证了教材的有效性；

在课堂评价上，着重过程性评价，弱化终结性评价，把评价作为提升再学习效能的反馈工具，保证了教材的科学性。

目前，该系列校本教材经过校内应用已收到了满意的教学效果，并已应用到企业员工培训工作中，受到了企业工程技术人员的高度评价，希望能够正式出版。根据他们的建议及实际使用效果，学院组织任课教师、企业专家和出版社编辑，对教材内容和形式再次进行了论证、修改和完善，予以整体立项出版，既是对我院几年来教育教学改革成果的一次总结，也希望能够对兄弟院校的教学改革和行业企业的员工培训有所助益。

感谢长期以来关心和支持我院教育教学改革的各位专家与同仁，感谢全体教职员工的辛勤工作，感谢化学工业出版社的大力支持。欢迎大家对我们的教学改革和本次出版的系列教材提出宝贵意见，以便持续改进。

辽宁石化职业技术学院　院长

2012 年春于锦州

前言

本书是根据现阶段高职学生的现状，采用项目化教学的方式，结合化工过程自动化的发展现状，以及企业的应用情况而进行编写的。

本书旨在配合高职高专工艺类专业学生完成专业培养目标。因此在教材编写中，力求把握三个原则：即以人为本的原则；为专业服务的原则；“实践、实用、实际”的“三实”原则。

本书引入了学习情境，以任务为载体，把教学的知识点全部承载到任务中来，使学生在接受任务、完成任务的过程中完成对知识的学习和能力的训练。

本书适合于各个层次的职业技术院校教学中使用，也可用于工矿企业工作人员自学。

本书使用了六个学习情境，第一个学习情境是通过参观现场和实训室，学习和认识S7-300PLC 的工作原理，硬件组成。第二个学习情境是 STEP7 的软件安装和使用，训练学生对编程软件的使用。第三个学习情境是交通红绿灯控制系统的设计、安装和调试，介绍了S7-300PLC 的组态和编程的基本方法。第四个学习情境是变频调速控制系统的安装和调试，介绍了变频器的选型、使用和安装以及如何与 PLC 配合进行电机的调速控制。第五个学习情境是水箱温度控制系统的设计、安装和调试，介绍了 S7-300PLC 的温度测量和控制的方法。第六个学习情境是 MPI 通信网络的组建，介绍了如何构建 S7-300PLC 的网络系统。

本书学习情境一、情境三、情境五、情境六由石学勇编写，情境二由朱彬编写，情境四由崔永刚编写，全书由石学勇统稿。本书由沈阳工业大学郑浩主审，在编写过程中，辽宁石化职业技术学院刘玉梅、郝万新、李忠明老师给了许多建设性意见，在此一并表示衷心的感谢。

由于编者水平有限，且编写时间紧迫，书中难免存在疏漏和不足，敬请各位读者批评指正。

编　者

2012 年 2 月

目录

学习情境一

S7-300PLC 硬件设备的安装和选型

【情境描述】

PLC(Programmable Logical Controller)中文名称可编程控制器，今天 PLC 应用已经十分广泛，在工业领域已经是家喻户晓，PLC 的厂家、型号和规格同样也层出不穷。在此选择西门子 S7-300 系列 PLC 作为对象，了解和学习 PLC 的基础知识，掌握综合应用 PLC 解决实际问题的技术和能力。

本情境主要学习 S7-300PLC 的硬件性能以及 PLC 的硬件安装。介绍 S7-300PLC 基础知识和基本操作规范和方法，包括硬件安装和选型规范，硬件的电气特性。这部分内容是应用的基础，反映了 S7-300PLC 区别于其他不同类型 PLC 的主要特性。S7-300PLC 是安装在控制室的控制柜中，如图 1-1 所示，它用来控制现场的电气设备和仪表设备，实现中央的集中控制、远程控制。

图 1-1　S7-300PLC 控制柜

通过参观 PLC 实训室，参观现场，上网或者查阅资料，能够熟悉 S7-300PLC 的种类、硬件的组成，能够通过现场 PLC 的铭牌了解 PLC 的工作要求、电气特性，掌握如何上网查找相关的技术资料。安装 S7-300PLC 的硬件系统，掌握安装的方法、安装的规范、硬件系统的构成。

任务一 认识 S7-300PLC

【任务描述】

认识 S7-300PLC 的作用、构成、安装位置。参观实训室、现场，并上网查阅 PLC 的资料，了解 PLC 硬件组成、工作原理，了解 PLC 的构成、应用现场、PLC 的用途等。S7-300PLC 的安装如图 1-2 所示。

【知识链接】

一、PLC 的功能和特点

1．控制功能

包括逻辑控制、定时控制、计数控制、顺序控制。饮料厂工艺的 PLC 控制现场如图 1-3 所示。

图 1-2 S7-300PLC 的安装组成

图 1-3 PLC 的控制现场

2．数据采集、存储与处理功能（见图 1-4）

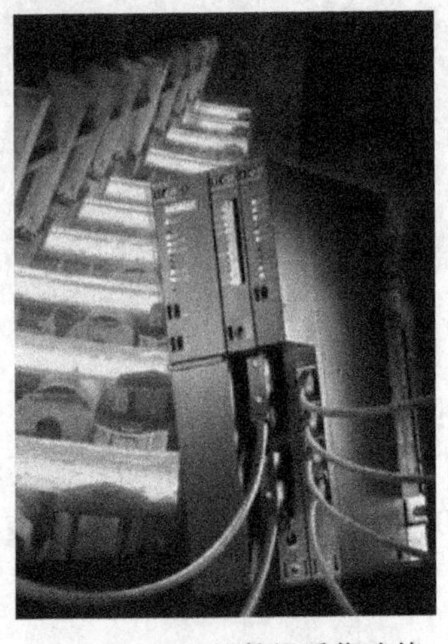

图 1-4 PLC 的数据采集功能

3．输入/输出接口调节功能

具有 A/D、D/A 转换功能，通过 I/O 模块完成对模拟量的控制和调节。位数和精度可以根据用户要求选择。具有温度测量接口，直接连接各种热电阻或热电偶。

4．通信、联网功能（见图 1-5）

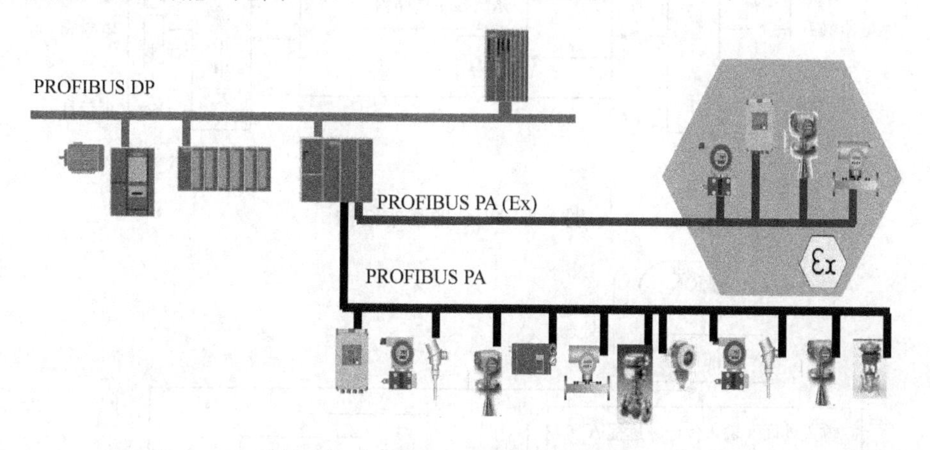

图 1-5 PLC 的通信、联网功能

5．编程、调试功能

使用复杂程度不同的手持、便携和桌面式编程器、工作站和操作屏，进行编程、调试、监视、试验和记录，并通过打印机打印出程序文件。 如图 1-6 所示。

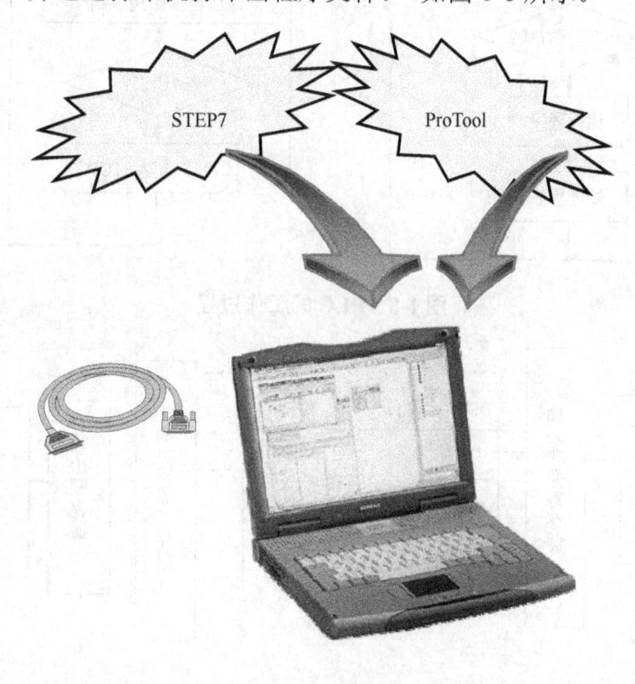

图 1-6 PLC 的编程、调试功能

二、PLC 的结构和工作过程

1．PLC 的基本结构

图 1-7 为 PLC 的基本结构，图 1-8 为 PLC 的工作过程，图 1-9 为 PLC 的扫描过程。

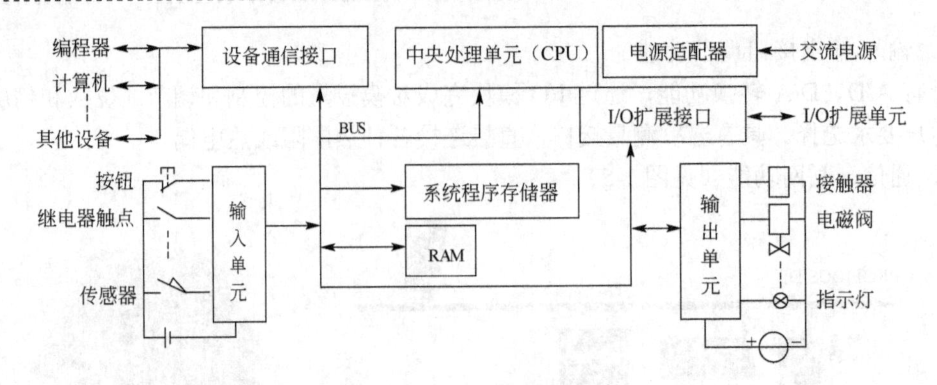

图1-7 PLC的基本结构

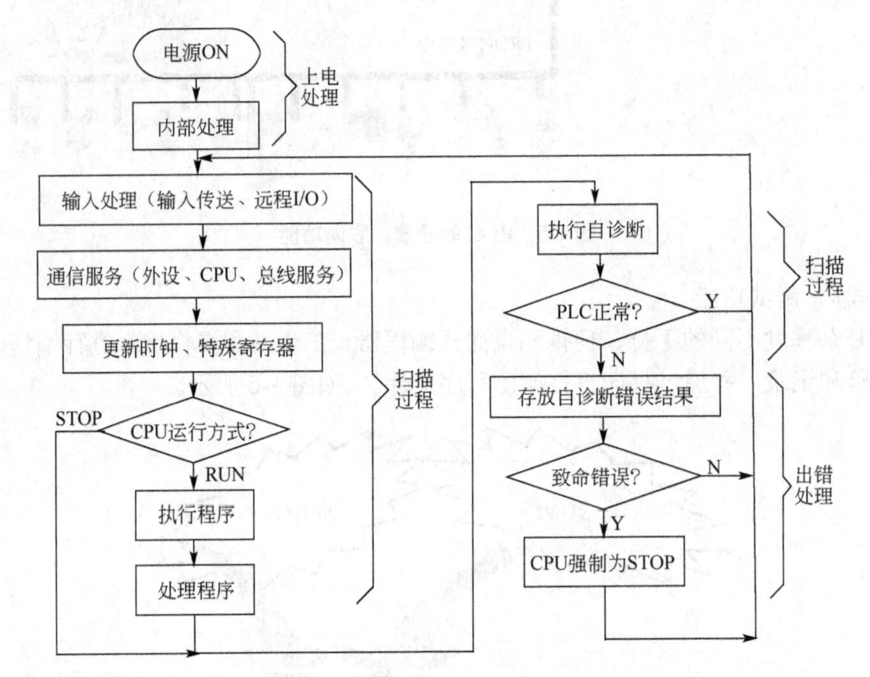

图1-8 PLC的工作过程

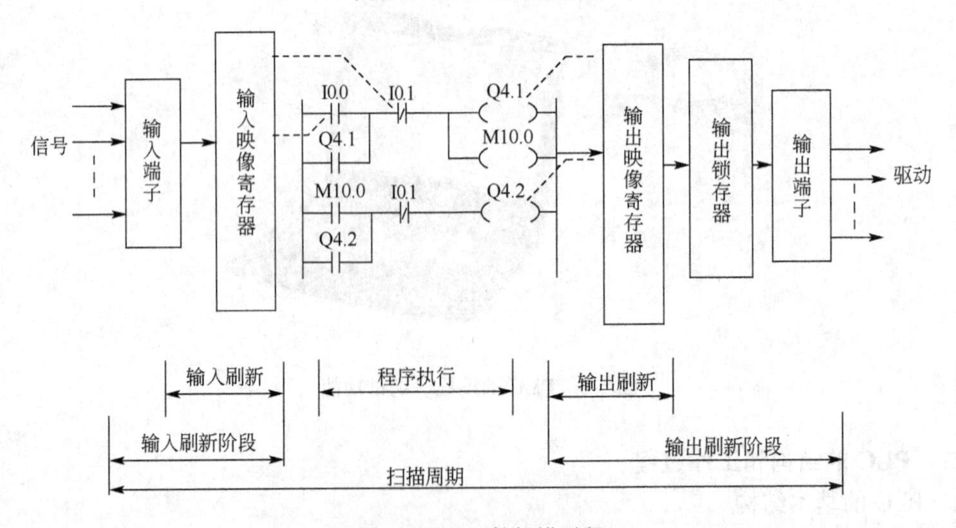

图1-9 PLC的扫描过程

2．PLC 的中断处理过程

（1）响应问题

一般微机系统的 CPU，在每一条指令执行结束时都要查询有无中断申请。而 PLC 对中断的响应则是在相关的程序块结束后查询有无中断申请，或者在执行用户程序时查询有无中断申请，如有中断申请，则转入执行中断服务程序。如果用户程序以块式结构组成，则在每块结束或执行块调用时处理中断。

（2）中断源先后顺序及中断嵌套问题

在 PLC 中，中断源的信息是通过输入点而进入系统的，PLC 扫描输入点是按输入点编号的先后顺序进行的，因此中断源的先后顺序只要按输入点编号的顺序排列即可。多中断源可以有优先顺序，但无嵌套关系。

（3）中断服务程序执行结果的信息输出问题

PLC 按巡回扫描方式工作，正常的输入/输出在扫描周期的一定阶段进行，这给外设希望及时响应带来了困难。采用中断输入可解决对输入信号的高速响应问题。当中断申请被响应且中断子程序被执行后，有关信息应当尽早送到相关外设，而不希望等到扫描周期的输出传送阶段，就是说对部分信息的输入或输出要与系统 CPU 的扫描周期脱离。

图 1-10 所示为 PLC 的 I/O 系统扫描周期示意图。

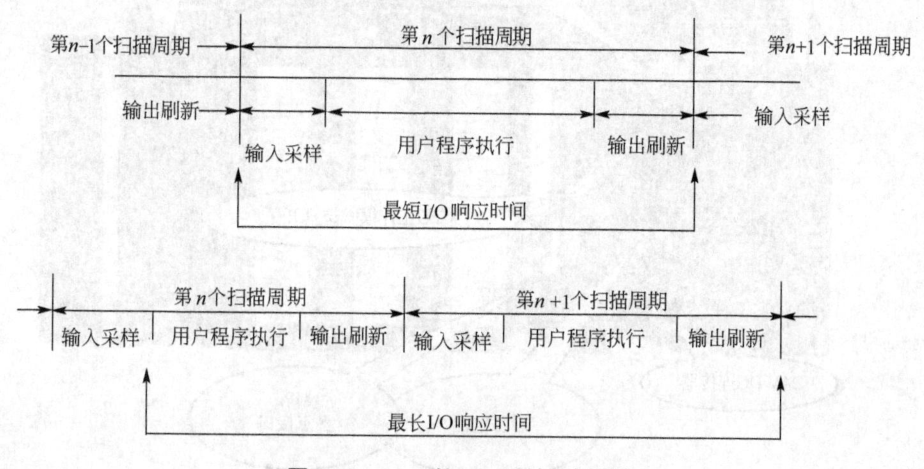

图 1-10　PLC 的 I/O 系统扫描周期

三、S7-300PLC 硬件简介

S7-300PLC（见图 1-11）由多种模块部件组成，包括导轨（rack）、电源模块（PS）、CPU 模块、接口模块（IM）、输入输出模块（SM）。各种模块能以不同方式组合在一起，从而可使控制系统设计更加灵活，满足不同的应用需求。

图 1-12 所示为 S7-300PLC 系统的组成。

四、电源模块

电源模块是构成 PLC 控制系统的重要组成部分，针对不同系列的 CPU，有与之相匹配的电源模块，用于对 PLC 内部电路和外部负载供电。

1．PS30X 系列电源模块

有多种 S7-300 电源模块可为编程控制器供电，也可以向需要 24V 直流的传感器/执行器供电，比如 PS305、PS307。PS305 电源模块是直流供电，PS307 电源模块是交流供电。图 1-13

是 PS307（10A）的模块示意图。

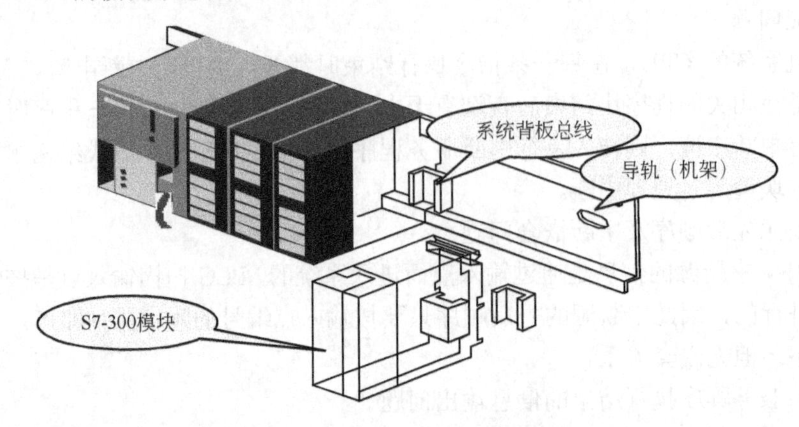

图 1-11 S7-300 PLC 的基本结构

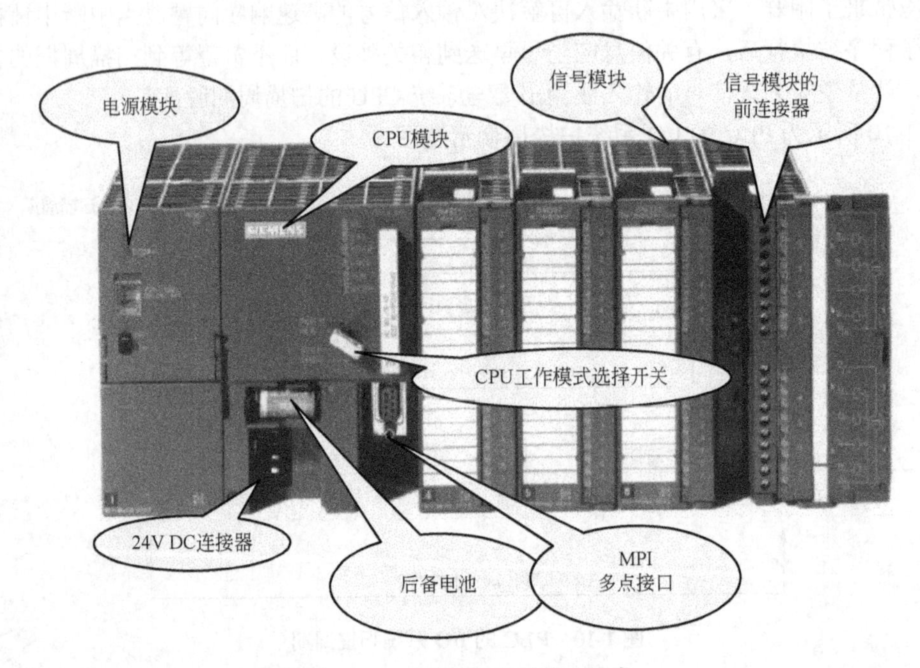

图 1-12 S7-300PLC 系统的组成

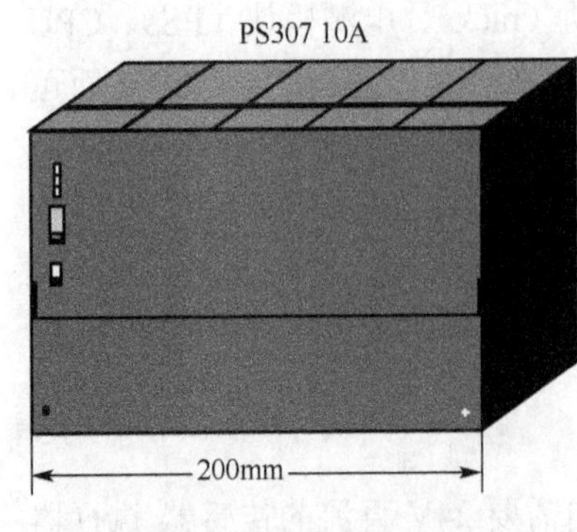

图 1-13 PS307 电源模块

PS307 电源模块(10A)具有以下显著特性。

① 输出电流 10A。

② 输出电压 24VDC，防短路和开路保护。

③ 连接单相交流系统（输入电压 120/230VAC，50/60Hz）。

④ 可靠的隔离特性，符合 EN60950 标准。

⑤ 可用作负载电源。

2．S7-300PLC 系统的电流消耗量和功率损耗

一个实际的 S7-300 PLC 系统，在确定所有的模块后，要选择合适的电源模块。所选定的电源模块的输出功率必

须大于 CPU 模块、所有 I/O 模块、各种智能模块的总消耗功率之和，有时甚至还要考虑某些执行单元的功率，并且要留有 30%左右的余量。在具体产品设计时，应该仔细研究各个模块的功率参数，最后确定电源模块的型号、规格。当同一电源模块既要为主机单元又要为扩展单元供电时，从主机单元到最远一个扩展单元的线路压降必须小于 0.25 V。

五、S7-300CPU 模块操作

1．模式选择开关（见图 1-14）

RUN-P：可编程运行模式。在此模式下，CPU 不仅可以执行用户程序，在运行的同时，还可以通过编程设备（如装有 STEP7 的 PG、装有 STEP7 的计算机等）读出、修改、监控用户程序。

RUN：运行模式。在此模式下，CPU 执行用户程序，还可以通过编程设备读出、监控用户程序，但不能修改用户程序。

STOP：停机模式。在此模式下，CPU 不执行用户程序，但可以通过编程设备（如装有 STEP7 的 PG、装有 STEP7 的计算机等）从 CPU 中读出或修改用户程序。在此位置可以拔出钥匙。

图 1-14　CPU 模式选择开关

MRES：存储器复位模式。该位置不能保持，当开关在此位置释放时将自动返回到 STOP 位置。将钥匙从 STOP 模式切换到 MRES 模式时，可复位存储器，使 CPU 回到初始状态。

2．状态及故障显示（见图 1-15）

SF（红色）：系统出错/故障指示灯。CPU 硬件或软件错误时亮。

BATF（红色）：电池故障指示灯（只有 CPU313 和 CPU314 配备）。当电池失效或未装入时，指示灯亮。

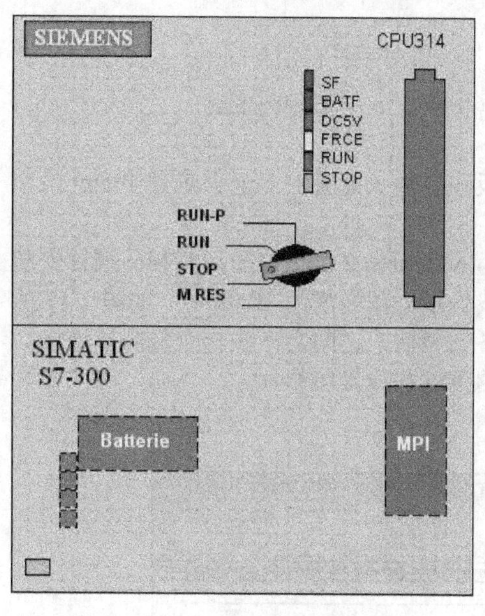

图 1-15　CPU314 的模式选择开关

DC5V（绿色）：＋5V 电源指示灯。CPU 和 S7-300 总线的 5V 电源正常时亮。

FRCE（黄色）：强制作业有效指示灯。至少有一个 I/O 被强制状态时亮。

RUN（绿色）：运行状态指示灯。CPU 处于“RUN”状态时亮；LED 在“Startup”状态以 2Hz 频率闪烁；在“HOLD”状态以 0.5Hz 频率闪烁。

STOP（黄色）：停止状态指示灯。CPU 处于“STOP”或“HOLD”或“Startup”状态时亮；在存储器复位时 LED 以 0.5Hz 频率闪烁；在存储器置位时 LED 以 2Hz 频率闪烁。

BUS DF（BF）（红色）：总线出错指示灯（只适用于带有 DP 接口的 CPU）。出错时亮。

SF DP：DP 接口错误指示灯（只适用于带有 DP 接口的 CPU）。当 DP 接口故障时亮。

3．SIMATIC 微存储卡（MMC）插槽

Flash EPROM 微存储卡用于在断电时保存用户程序和某些数据，它可以扩展 CPU 的存储器容量，也可以将有些 CPU 的操作系统包括在 MMC 中，这对于操作系统的升级是非常方便的。MMC 用作装载存储器或便携式保存媒体，它的读写直接在 CPU 内进行，不需要专用

的编程器。由于 CPU 31xC 没有安装集成的装载存储器，在使用 CPU 时必须插入 MMC。CPU 与 MMC 是分开订货的。如图 1-16 所示。

图 1-16 SIMATIC 存储卡

4．存储器区域

PLC 的系统程序相当于个人计算机的操作系统，它使 PLC 具有基本的智能，能够完成PLC 设计者规定的各种工作。系统程序由 PLC 生产厂家设计并固化在 ROM 中，用户不能读取。用户程序由用户设计，它使 PLC 能完成用户要求的特定功能。用户程序存储器的容量以字节为单位，不同的程序对应不同的存储区域。

【任务实施】

参观现场 PLC 控制柜、实训室的 PLC 设备，使学生能够初步了解 PLC 的应用场合、PLC 的安装位置、PLC 的作用。并网上查阅资料，进行分组讨论，进一步了解 PLC 的硬件组成。

任务二 安装 S7-300PLC 的硬件系统

【任务描述】

安装一个单导轨 PLC 控制系统，包含一个数字量模块、一个模拟量模块、一个仿真模块。要求各模块安装符合安装规范、电气特性等。能够安装 PLC 的机架、CPU、扩展模板、电源模板，熟悉 PLC 的安装规范。能够绘制安装的图纸，以及阅读安装说明书等。

【知识链接】

正确的硬件安装是系统正常工作的前提，要严格按照电气安装规范安装。

一、安装导轨

在安装导轨时，应留有足够的空间用于安装模板和散热（模板上下至少应有 40mm 的空间，左右至少应有 20mm 空间）。

在安装表面画安装孔。在所画线的孔上钻直径为 6.5mm+0.2 mm 的孔；用 M6 螺钉安装导轨；把保护地连到导轨上（通过保护地螺丝，导线的最小截面积为 10mm^2）。如图 1-17 所示。应注意，在导轨和安装表面（接地金属板或设备安装板）之间会产生一个低阻抗连接。如果在表面涂漆或者经阳极氧化处理，应使用合适的接触剂或接触垫片。

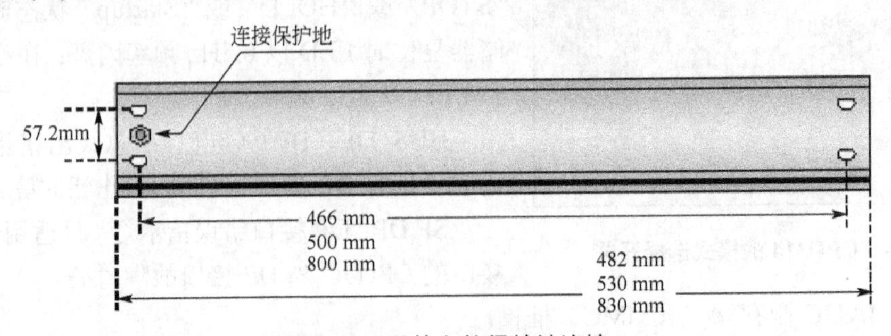

图 1-17 导轨上的保护地连接

二、安装和更换模块

从左边开始，按照如图 1-18 顺序，将模块安装在导轨上：① 电源模块；② CPU；③ 信号模块、功能模块、通信模块、接口模块。

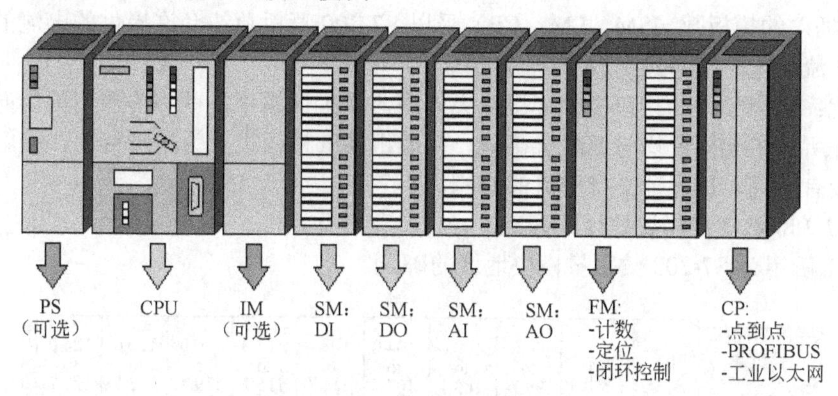

图 1-18　S7-300PLC 模块安装顺序

三、机柜的选型与安装

对于大型设备的运行或安装环境中有干扰或污染时，应该将 S7-300 安装在一个机柜中。如图 1-19 所示。

四、在一个单机架上安排模板

① 在 CPU 右侧可以安装不超过 8 个模板（SM、FM、CP）。

② 装在一个单机架上的全部模板的 S7 背板总线上的电流不超过以下数值：1.2A，0.8A。

例如：图 1-20 所示为一台有 6 个信号模板的 S7-300PLC 是怎样安排模板的。

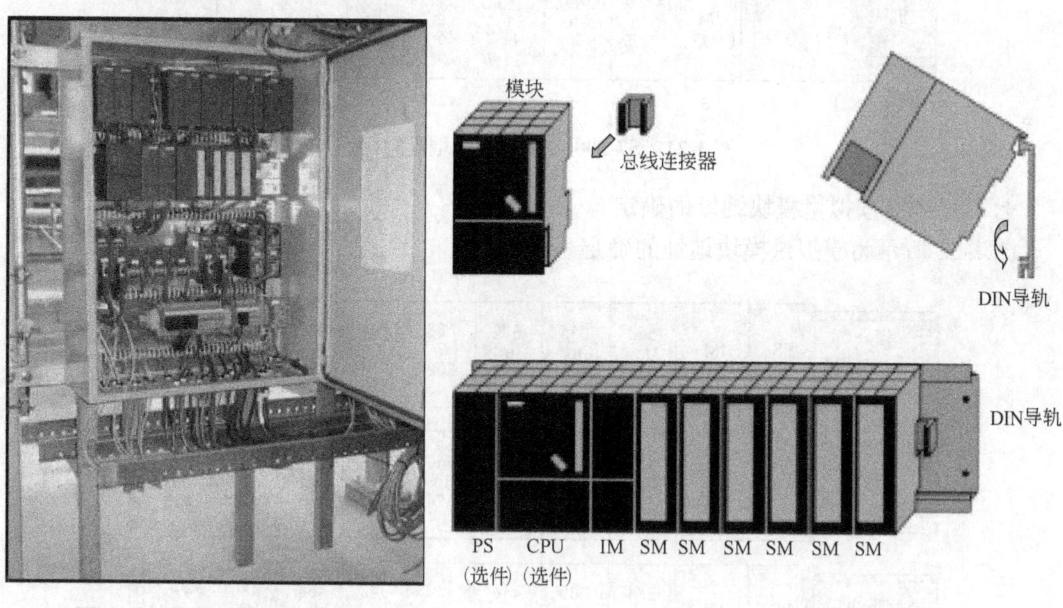

图 1-19　机柜的选择与安装　　**图 1-20　单机架模板的安排**

五、在多机架上安排模板

如需将 S7-300 安排到几个机架上，则需要接口模板（IM），接口模板是将 S7-300PLC 背面的总线从一个机架上连接到下一个机架上，中央处理器 CPU 总是在 0 号机架上。

规则：在多机架上安排模板。

① 接口模板总是在 3 号槽（槽 1：电源；槽 2：CPU；槽 3：接口模板）

② 第一个信号模板的左边是接口模板。

③ 每个机架上不可能超过 8 个信号模板（SM、FM、CP），这些模板总是在接口模板的右侧。

④ 能插入的模板数（SM、FM、CP）受以 S7-300 背板总线允许提供的电流的限制。每一排总的电流耗量不应超过 1.2A。

防干扰：如果使用的接口模板连接中央处理器和扩展模板，就不需专门的屏蔽和接地，但必须保证所有机架模板均为低阻抗接地，接地组件的模板机架为星形接地，接触模板的弹簧清洁，没有弯曲，以保证干扰电流的钳制。

六、S7-300 数字量模块地址的确定

图 1-21 所示为 S7-300 数字量模块地址的确定。

机架 3
PS
IM (接收)
96.0 to 99.7
100.0 to 103.7
104.0 to 107.7
108.0 to 111.7
112.0 to 115.7
116.0 to 119.7
120.0 to 123.7
124.0 to 127.7
机架 2
PS
IM (接收)
64.0 to 67.7
68.0 to 71.7
72.0 to 75.7
76.0 to 79.7
80.0 to 83.7
84.0 to 87.7
88.0 to 91.7
92.0 to 95.7
机架 1
PS
IM (接收)
32.0 to 35.7
36.0 to 39.7
40.0 to 43.7
44.0 to 47.7
48.0 to 51.7
52.0 to 55.7
56.0 to 59.7
60.0 to 63.7
机架 0
PS
CPU
IM (发送)
0.0 to 3.7
4.0 to 7.7
8.0 to 11.7
12.0 to 15.7
16.0 to 19.7
20.0 to 23.7
24.0 to 27.7
28.0 to 31.7
槽位 1 2 3 4 5 6 7 8 9 10 11

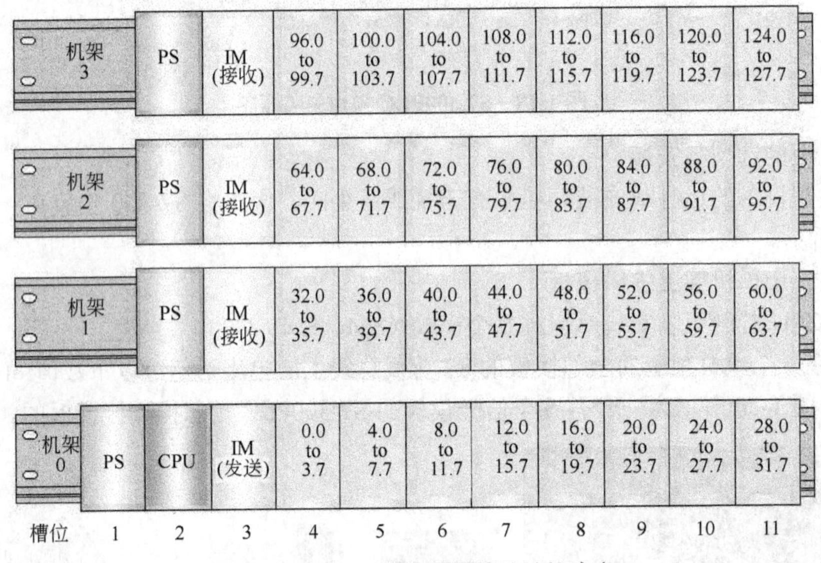

图 1-21 S7-300 数字量模块地址的确定

七、S7-300 模拟量模块地址的确定

图 1-22 所示为模拟量模块地址的确定。

机架 3
PS
IM (接收)
640 to 654
656 to 670
672 to 686
688 to 702
704 to 718
720 to 734
736 to 750
752 to 766
机架 2
PS
IM (接收)
512 to 526
528 to 542
544 to 558
560 to 574
576 to 590
592 to 606
608 to 622
624 to 638
机架 1
PS
IM (接收)
384 to 398
400 to 414
416 to 430
432 to 446
448 to 462
464 to 478
480 to 494
496 to 510
机架 0
PS
CPU
IM (发送)
256 to 270
272 to 286
288 to 302
304 to 318
320 to 334
336 to 350
352 to 366
368 to 382
槽位 1 2 3 4 5 6 7 8 9 10 11

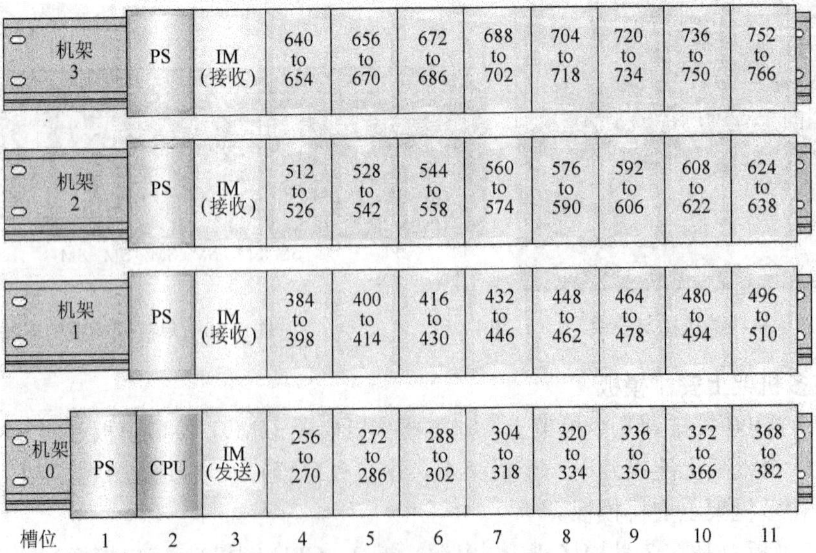

图 1-22 模拟量模块地址的确定

八、S7-300 数字量模块位地址的确定

图 1-23 所示为 S7-300 数字量模块位地址的确定。

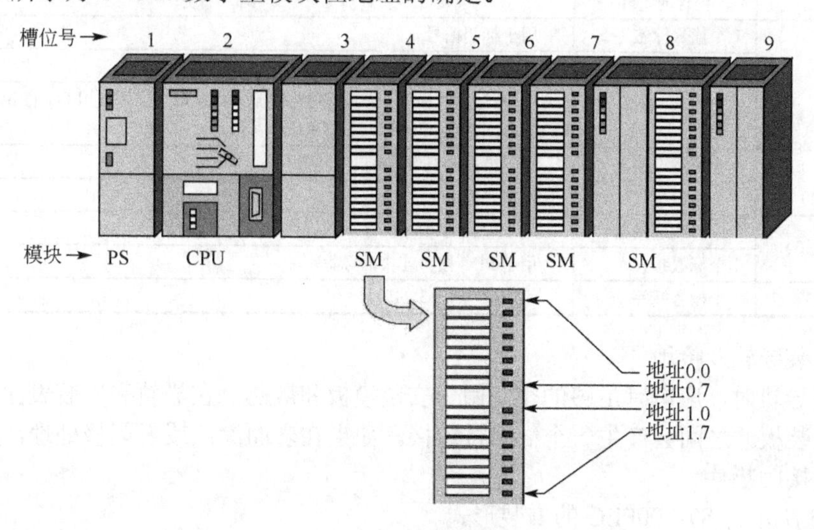

图 1-23　S7-300 数字量模块位地址的确定

【任务实施】

1．实训设备

电源模块 PS307（10A）、CPU 模块 313C-2DP、数字量模块 SM322、模拟量模块 SM334、仿真模块 SM374、连接器、导轨、螺钉、导线若干。

2．安装步骤

（1）检查工具及配件

为了符合机械强度、易燃性、稳定性和防护等级等技术参数，应规定以下安装方式：外壳中的安装；机柜中的安装；装备封闭运行区的安装。图 1-24 所示为硬件组态的布局。

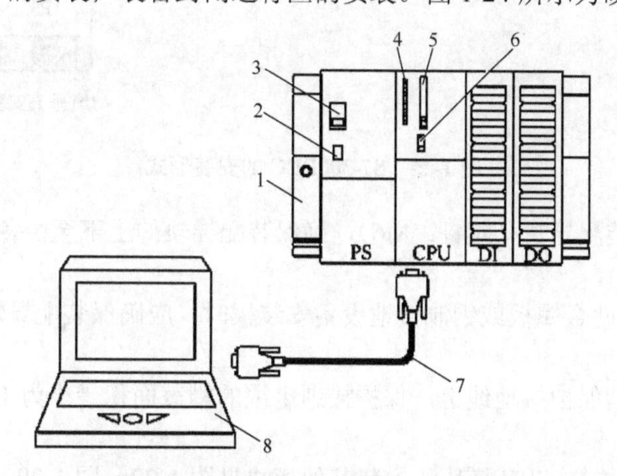

图 1-24　S7-300PLC 硬件组态的布局

1—导轨；2—电源开关；3—用于设置线路电压；4—LED；5—存储卡；6—模式选择开关；
7—用于连接 MPI 接口的 PG 电缆；8—安装了 STEP7 软件的编程设备（PG）

在模板包中包含有安装附件，表 1-1 列出了附件及备件的明细表及相应的订货号。

表 1-1 模板附件

模 板	包含的附件	说 明
CPU	1 个槽号标签	用于标明槽号
	2 把钥匙	用于执行 CPU 运行模式选择开关的钥匙
	标签	用于标明 MPI 地址和硬件版本，以及集成 I/O 的说明（只适于 CPU312IFM,314IFM,以及 31×C）
信号模板（SM） 功能模板（FM）	1 个总线连接器	用于模板的电气连接
	1 个标签条	标签模板 I/O
通信处理器（CP）	1 个总线连接器	用于模板的电气连接
	1 个标签条	用于 PLC 接口连接的标签
接口模板（IM）	1 个槽号标签	用于标明 1～3 的槽号

（2）安装导轨及接地

在安装导轨时，应留有足够的空间用于安装模板和散热。在导轨和安装表面（接地金属板或设备安装板）之间会产生一个低阻抗连接。如果在表面涂漆或者阳极处理，应使用合适的接触剂或接触垫片。

图 1-25 所示为 S7-300PLC 的安装形式。

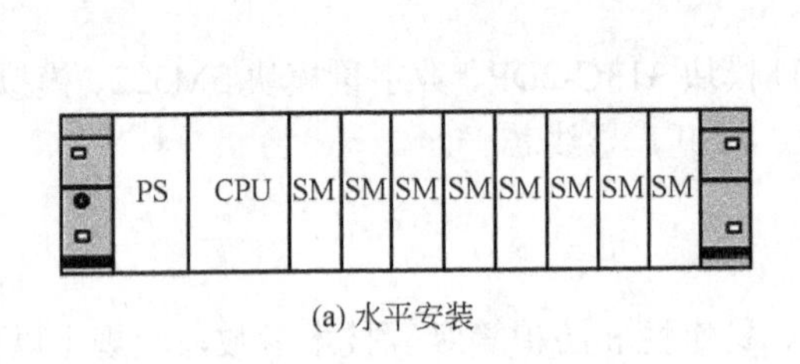

(a) 水平安装

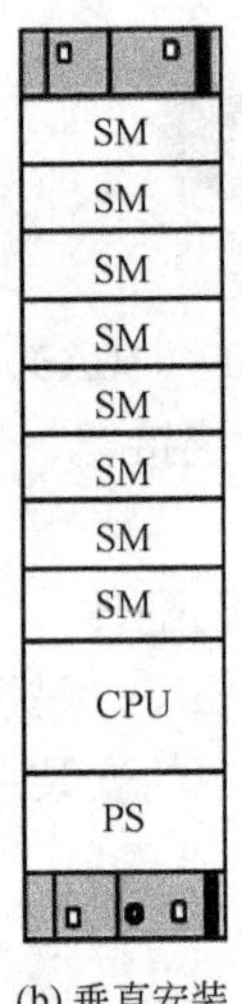

(b) 垂直安装

图 1-25 S7-300PLC 的安装形式

① 用螺钉固定装配导轨（螺钉：M6），确保装配导轨的上下至少各留有 40mm 的间隙，如图 1-26 所示。

在将其安装到接地金属板或钢制接地设备安装板时，应确保装配导轨与安装表面之间的连接具有低阻抗。

② 将导轨连接到保护接地线上。保护接地电缆的横截面积最少为 $10mm^2$。

（3）安装模块

安装电源模块，安装 CPU 模块，安装其他模块见图 1-27～图 1-29。

（4）接线

警告：开始接线前，务必完全断开 S7-300 的电源。

电源和 CPU 接线如图 1-30 所示。电源模块输入电源的调整如图 1-31 所示。

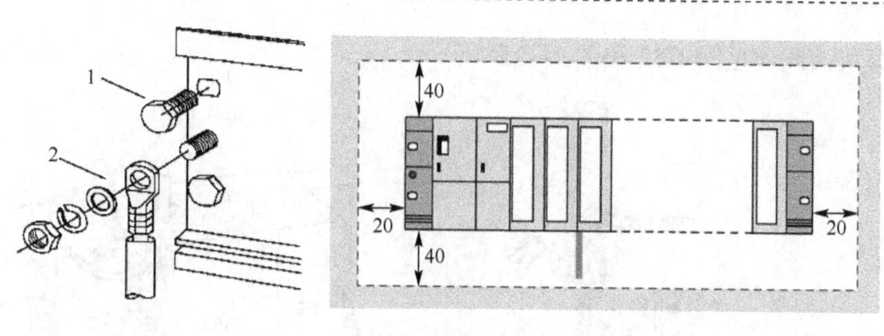

图 1-26　导轨的安装

1—用螺钉固定导轨；2—连接保护导体的电缆

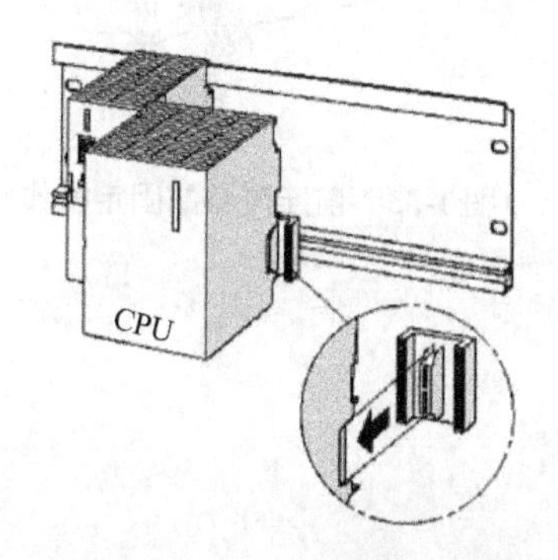

图 1-27　总线连接器的安装

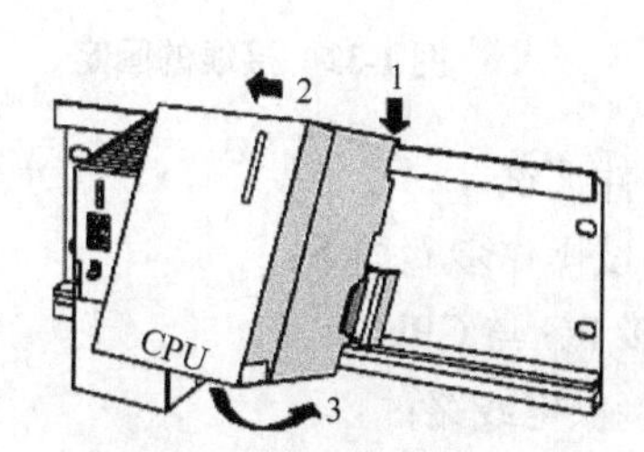

图 1-28　CPU 模块的安装

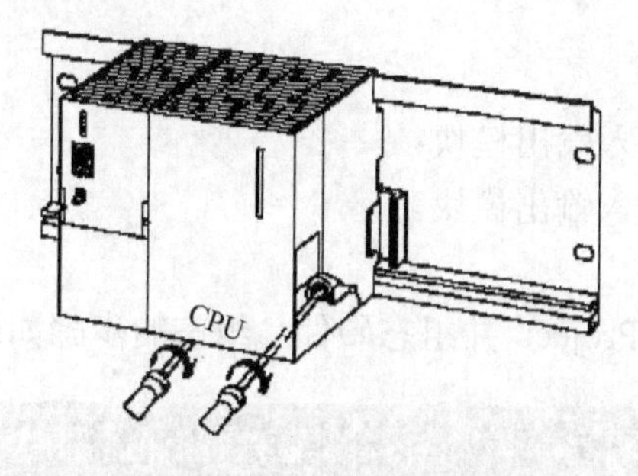

图 1-29　CPU 模块的固定

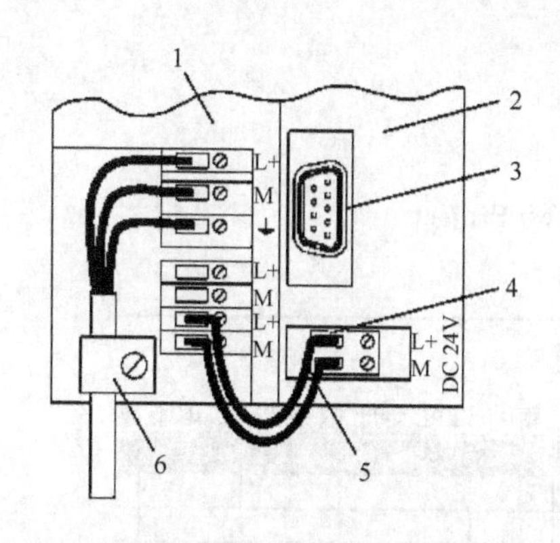

图 1-30　电源和 CPU 的接线（前盖打开）

1—电源（PS）模块；2—CPU 模块；3—用于连接 PG 的 MPI 接口；4—可拆卸的电源连接；5—PS 和 CPU 之间的连接电缆；6—电源线和夹

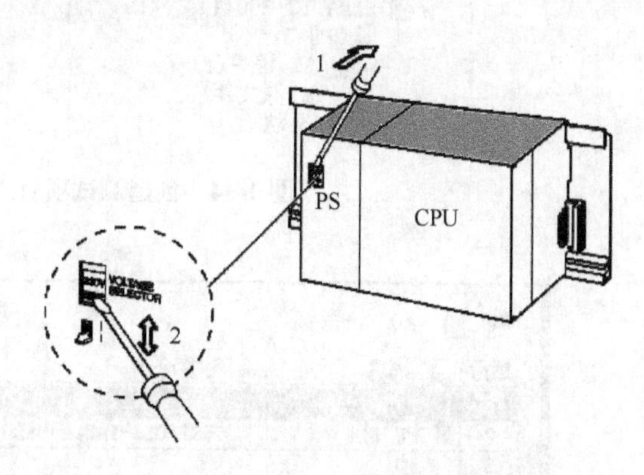

图 1-31　电源模块输入电源的调整

1—启开保护盖；2—选择设置线路电压

（5）模块接线（见图1-32和图1-33）

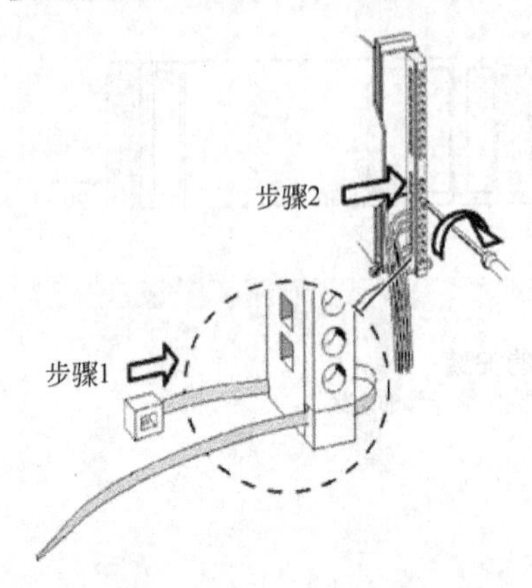

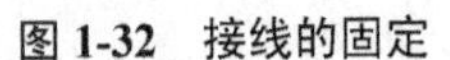

图1-32　接线的固定

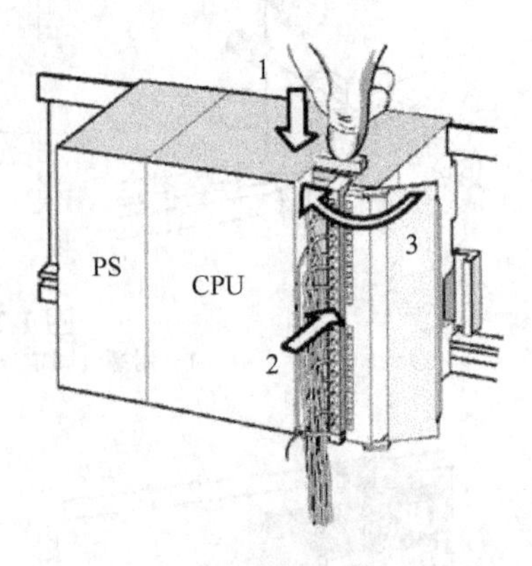

图1-33　前连接器的固定操作

（6）硬件调试

硬件调试操作步骤如下：

① 连接PG与CPU；

② 连接供电线路；

③ 插入存储卡或备用电池；

④ 对CPU存储器复位；

⑤ 启动编程设备；

⑥ 按下按钮1，观察输入输出模块；

⑦ 按下按钮2，观察输入输出模块。

（7）编写测试程序

创建一个测试项目Test Project 并组态硬件，组态的步骤如图1-34和图1-35所示。

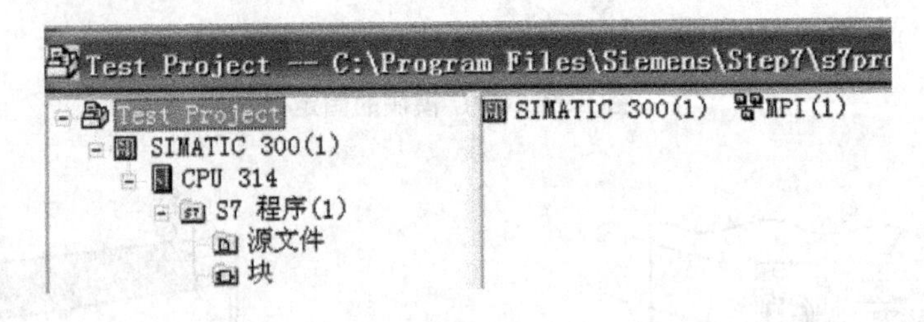

图1-34　创建测试项目Test Project

(0)　UR

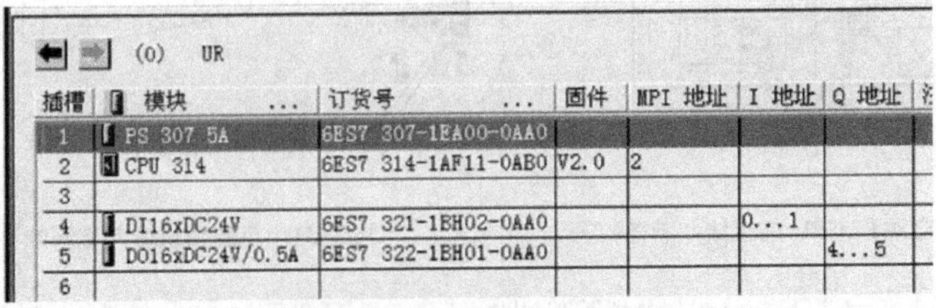

插槽	模块	订货号	固件	MPI 地址	I 地址	Q 地址
1	PS 307 5A	6ES7 307-1EA00-0AA0				
2	CPU 314	6ES7 314-1AF11-0AB0	V2.0	2		
3						
4	DI16xDC24V	6ES7 321-1BH02-0AA0			0...1	
5	DO16xDC24V/0.5A	6ES7 322-1BH01-0AA0				4...5
6						

图1-35　HW组态表中的硬件配置

学习情境二

西门子 STEP 7 软件安装和使用

【情境描述】

STEP 7 编程软件用于 SIMATIC S7、M7、C7 和基于 PC 的 WinAC，是供 PLC 编程、监控和参数设置的标准工具。本情境详细讲述 STEP7 软件的安装、授权过程，并介绍用 STEP 7 软件进行硬件组态的基本方法。分组完成 STEP7 软件的安装，完成 PLC 的组态、通信，学习基本的指令，分组学习讨论，观看视频或者查阅资料。能够安装使用 STEP7、AutoCAD 软件，建立一个 S7-300PLC 的项目并进行组态、通信等。能够使用 S7-PLCSIM 仿真软件，进行程序的调试。

任务一　西门子 STEP 7 软件安装和组态

【任务描述】

本任务的内容是安装西门子公司的 STEP7 的软件，以学生的学号建立一个项目，并且进行组态。STEP 7 编程软件用于 SIMATIC S7、M7、C7 和基于 PC 的 WinAC，是供它们编程、监控和参数设置的标准工具。本任务是学习 STEP7 软件的安装、授权过程，并介绍用 STEP 7 软件进行硬件组态的基本方法。

【知识链接】

一、STEP 7 软件安装

1．安装步骤

在 Windows 2000/XP 操作系统中必须具有管理员（Administrator）权限才能进行 STEP 7 的安装。

运行 STEP 7 安装光盘上的 Setup.exe 开始安装。STEP 7 V5.2 的安装界面同大多数 Windows 应用程序相似。在整个安装过程中，安装程序一步一步地指导用户如何进行。在安装的任何阶段，用户都可以切换到下一步或上一步。

安装过程中，有一些选项需要用户选择。下面是对部分选项的解释。

① 安装语言选择。选择英语。

② 选择需要安装的程序。

【Acrobat Reader 5.0】：PDF 文件阅读器，如果用户的 PC 机上已经安装了该软件，可不必选择。

【STEP 7 V5.2】：STEP 7 V5.2 集成软件包。

【AuthorsW V2.5 incl. SP1】：西门子公司自动化软件产品的授权管理工具。

其他为扩展用的可选软件。

③ 在STEP 7的安装过程中，有三种安装方式可选。

典型安装【Typical】：安装所有语言、所有应用程序、项目示例和文档。

最小安装【Minimal】：只安装一种语言和STEP 7程序，不安装项目示例和文档。

自定义安装【Custom】：用户可选择希望安装的程序、语言、项目示例和文档。

④ 在安装过程中，安装程序将检查硬盘上是否有授权（License Key）。如果没有发现授权，会提示用户安装授权。可以选择在安装程序的过程中就安装授权，或者稍后再执行授权程序。在前一种情况中，应插入授权软盘。

⑤ 安装结束后，会出现一个对话框，提示用户为存储卡配置参数。

如果用户没有存储卡读卡器，则选择【None】。

如果使用内置读卡器，请选择【Internal programming device interface】。该选项仅针对PG，对于PC来说是不可选的。

如果用户使用的是PC，则可选择用于外部读卡器【External prommer】。这里，用户必须定义哪个接口用于连接读卡器（例如，LPT1）。

在安装完成之后，用户可通过STEP 7程序组或控制面板中的【Memory Card Parameter Assignment】(存储卡参数赋值)，修改这些设置参数。

⑥ 安装过程中，会提示用户设置【PG/PC接口】（Set PG/PC Interface）。PG/PC接口是PG/PC和PLC之间进行通信连接的接口。安装完成后，通过SIMATIC程序组或控制面板中的【Set PG/PC Interface】(设置PG/PC接口)随时可以更改PG/PC接口的设置。在安装过程中可以单击Cancel忽略这一步骤。

2．授权管理

授权是使用STEP 7软件的“钥匙”，只有在硬盘上找到相应的授权，STEP 7才可以正常使用，否则会提示用户安装授权。在购买STEP 7软件时会附带一张包含授权的3.5in(lin=25.4mm)软盘。用户可以在安装过程中将授权从软盘转移到硬盘上，也可以在安装完毕后的任何时间内使用授权管理器完成转移。

STEP 7 V5.2安装光盘上附带的授权管理器（AuthorsW V2.5 SP1）。安装完成后，在Windows的【开始】菜单中，找到【SIMATIC】//【AuthorsW】，启动该程序。

二、STEP 7项目创建

在STEP 7中，用项目来管理一个自动化系统的硬件和软件。STEP 7用SIMATIC管理器对项目进行集中管理，它可以方便地浏览SIMATIC S7、C7和WinAC的数据。因此，掌握项目创建的方法就非常重要。

1．使用向导创建项目

首先双击桌面上的STEP 7图标，进入SIMATIC Manager窗口，进入主菜单【File】，选择【“New Project” Wizard…】，弹出标题为“STEP 7 Wizard：New Project”(新项目向导)的小窗口。

单击【Next】按钮，在新项目中选择CPU模块的型号为CPU 313C-2DP。

单击【Next】按钮，选择需要生成的逻辑块，至少需要生成作为主程序的组织块OB1。

单击【Next】按钮，输入项目的名称，按【Finish】生成项目。过程如图2-1所示。

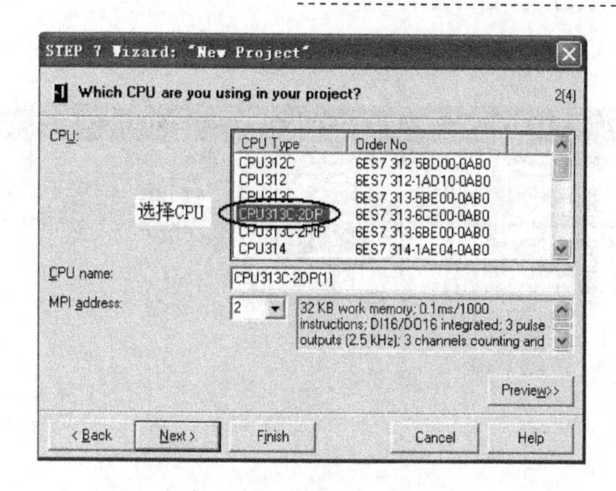

图 2-1　STEP7 的项目向导

2. 直接创建项目

进入主菜单【File】,【选择 New...】，将出现一个对话框，在该对话框中分别输入“文件名”、“目录路径”等内容，并确定，完成一个空项目的创建工作。

3．硬件组态

硬件组态的任务就是在 STEP 7 中生成一个与实际的硬件系统完全相同的系统，例如要生成网络、网络中各个站的导轨和模块，以及设置各硬件组成部分的参数，即给参数赋值。所有模块的参数都是用编程软件来设置的，完全取消了过去用来设置参数的硬件 DIP 开关。硬件组态确定了 PLC 输入/输出变量的地址，为设计用户程序打下了基础。

组态时设置的 CPU 的参数保存在系统数据块 SDB 中，其他模块的参数保存在 CPU 中。在 PLC 启动时 CPU 自动地向其他模块传送设置的参数，因此在更换 CPU 之外的模块后不需要重新对它们赋值。

4．硬件组态的步骤

① 生成站，双击 Hardware 图标，进入硬件组态窗口。

② 生成导轨，在导轨中放置模块。

③ 双击模块，在打开的对话框中设置模块的参数，包括模块的属性和 DP 主站、从站的参数。

④ 保存编译硬件设置，并将它下载到 PLC 中去。如图 2-2 所示。

在项目管理器左边的树中选择 SIMATIC 300 Station 对象，双击工作区中的 Hardware 图标，进入“HW Config”窗口。

窗口的左上部是一个组态简表，它下面的窗口列出了各模块详细的信息，例如订货号、MPI 地址和 I/O 地址等。右边是硬件目录窗口，可以用菜单命令【View】→【Catalog】打开或关闭它。左下角的窗口中向左和向右的箭头用来切换导轨。通常 1 号槽放电源模块，2 号槽放 CPU，3 号槽放接口模块（使用多机架安装，单机架安装则保留），从 4～11 号则安放信号模块（SM、FM、CP）。

组态时用组态表来表示导轨，可以用鼠标将右边硬件目录中的元件“拖放”到组态表的某一行中，就好像将真正的模块插入导轨上的某个槽位一样。也可以双击硬件目录中选择的硬件，它将被放置到组态表中预先被鼠标选中的槽位上。

右击 I/O 模块，在出现的下拉菜单选择【Edit Symbolic Names】，可以打开和编辑该模块的I/O元件的符号表。

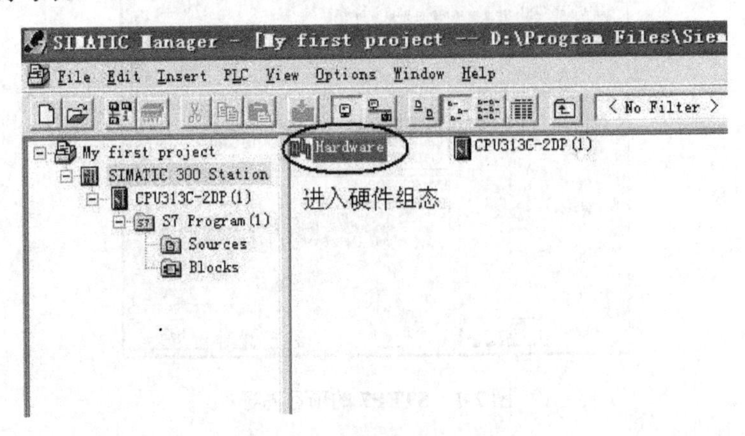

图 2-2 硬件组态的步骤

5．STEP 7标准软件包

STEP 7不是一个单一的应用程序，而是由一系列应用程序构成的软件包。图2-3显示了STEP 7标准软件包中的主要工具。

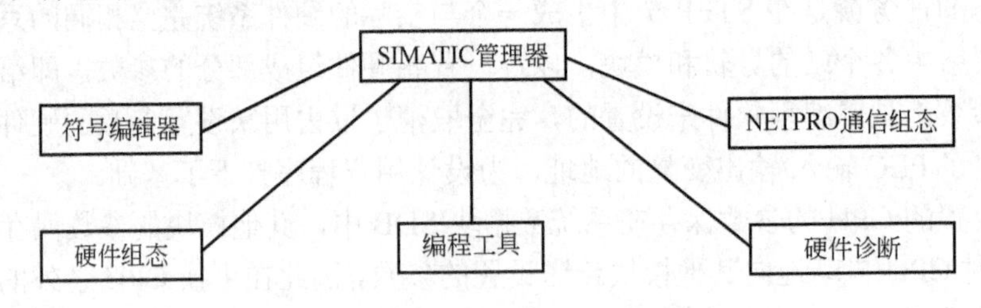

图 2-3 STEP7标准软件包中的主要工具

（1）SIMATIC Manager主界面

提供了STEP 7软件包的集成统一的界面。在SIMATIC管理器中进行项目的编程和组态，每一个操作所需的工具均由SIMATIC Manager自动运行，用户不需要分别启动各个不同的工具。

STEP 7安装完成后，通过Windows的【开始】→【SIMATIC】→【IDS_SN_S7TGTOPX.EXE】，或者启动SIMATIC Manager。运行界面如图2-4所示，SIMATIC Manager中可以同时打开多个项目，每个项目的视图由两部分组成。左视图显示整个项目的层次结构，在右视图中显示左视图当前选中的目录下的所包含的对象。SIMATIC Manager的菜单主要实现以下几类功能：

① 项目文件的管理；

② 对象的编辑和插入；

③ 程序下载、监控、诊断；

④ 视图、窗口排列、环境设置选项；

⑤ 在线帮助。

（2）HW Config 硬件组态界面

为自动化项目的硬件进行组态和参数设置。可以对PLC导轨上的硬件进行配置，设置各种硬件模块的参数。如图2-5所示。

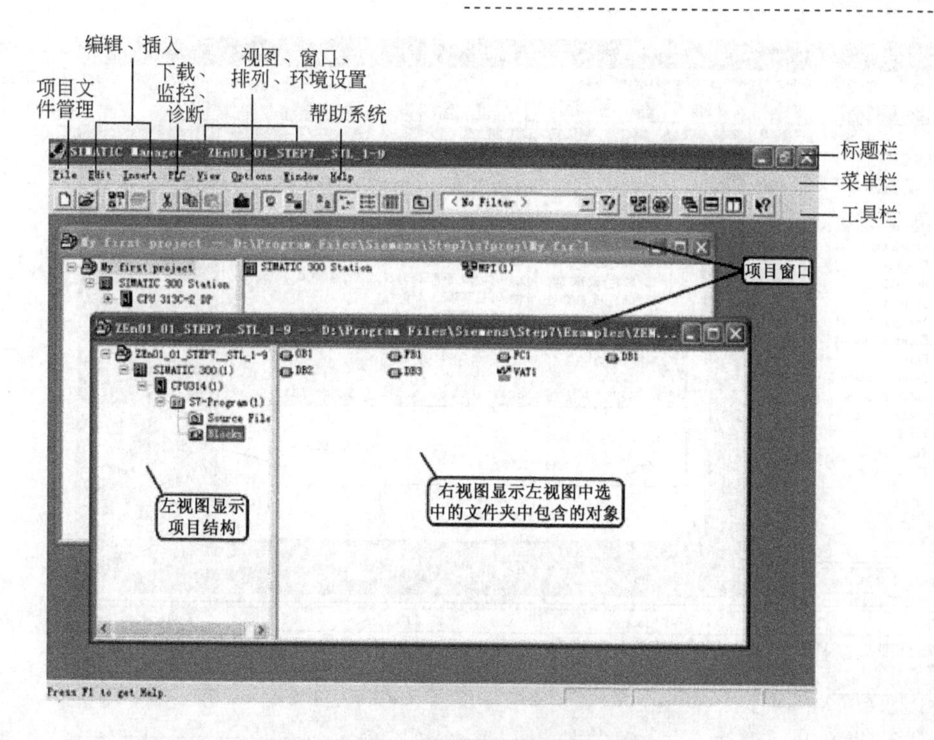

图 2-4　编程软件的运行界面

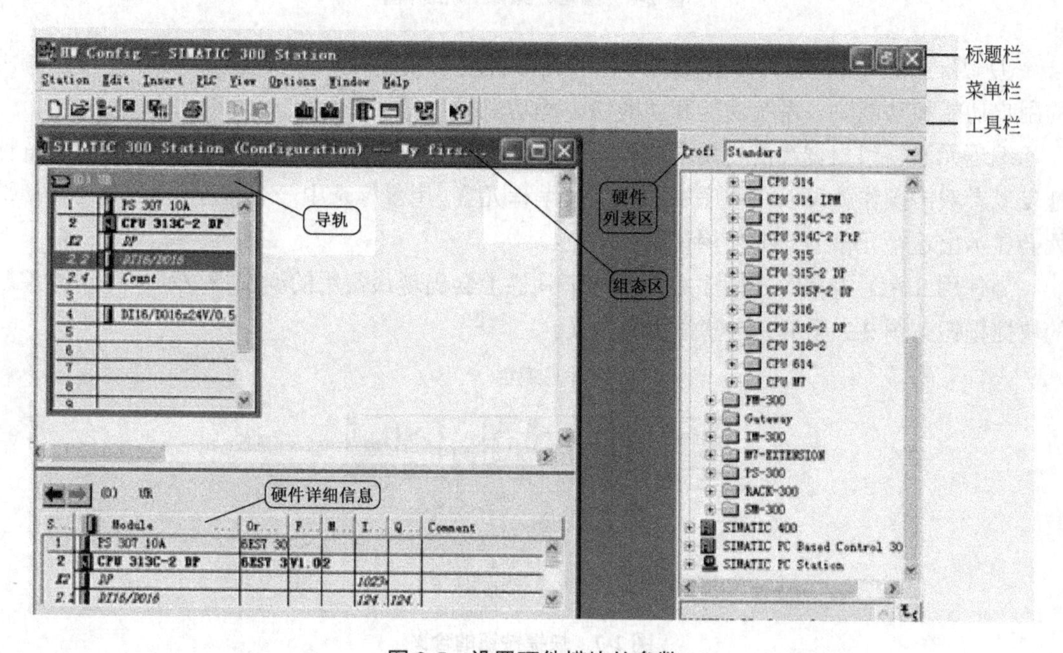

图 2-5　设置硬件模块的参数

（3）LAD/STL/FBD 编程界面

该工具集成了梯形逻辑图 LAD（Ladder Logic）、语句表 STL（Statement List）、功能块图 FBD（Function Block Diagram）三种语言的编辑、编译和调试功能。如图 2-6 所示。

STEP 7 程序编辑器的界面主要由编程元素窗口、变量声明窗口、代码窗口、信息窗口等构成。

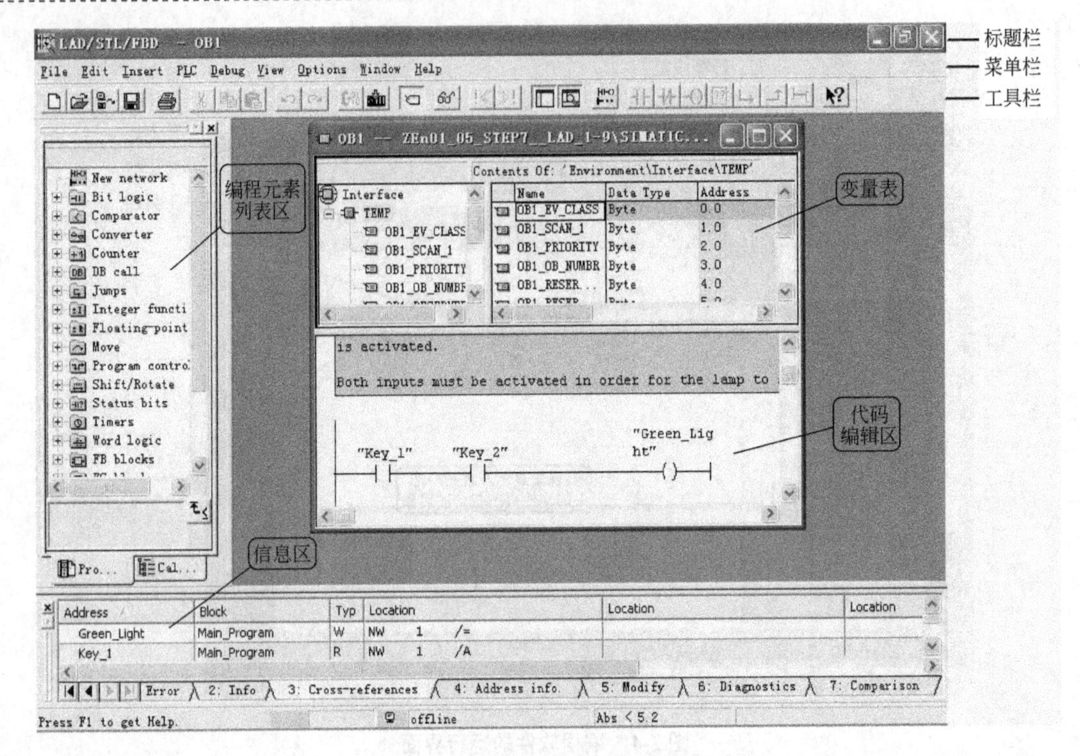

图 2-6　编辑、编译 调试界面

① 编程元素列表区　在用任何一种编程语言进行编程时，可以使用的指令、可供调用的用户功能和功能块、系统功能和功能块、库功能等都是编程元素。

编程元素窗口根据当前使用的编程语言自动显示相应的编程元素，用户通过简单的鼠标拖曳或者双击操作就可以在程序中加入这些编程元素。用鼠标选中一个编程元素，按下 F1 键就会显示出这个元素的详细使用说明。

当使用 LAD 编程时，程序编辑器的工具栏上会出现最常用的编程指令和程序结构控制的快捷按钮。图 2-7 显示了这些按钮的含义。

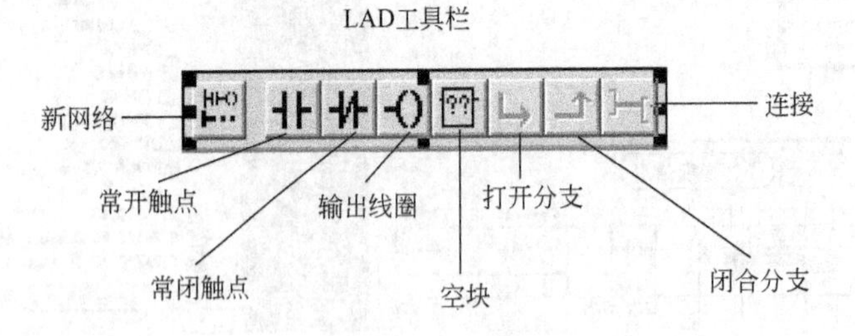

图 2-7　快捷按钮的含义

② 变量声明区　STEP 7 中有两类符号：全局符号和局部符号。全局符号是在整个用户程序范围内有效的符号，局部符号是仅仅作用在一个块内部的符号。表 2-1 列出了全局符号和局部符号的区别。

在变量声明区的数据为当前块使用的局部数据。对于不同的块，局部数据的类型又有不同。

表 2-1 全局符号和局部符号的含义

项 目	全 局 符 号	局 部 符 号
有效范围	在整个用户程序中有效，可以被所有的块使用，在所有的块中含义是一样的，在整个用户程序中是唯一的	只在定义的块中有效。 相同的符号可在不同的块中用于不同的目的
允许使用的字符	字母、数字及特殊字符，除 0x00，0xFF 及引号以外的强调号。 如使用特殊字符，则符号必须写出在引号内	字母、数字、下划线
使用对象	可以为下列对象定义全局符号： I/O 信号（I、IB、IW、ID、Q、QB、QW、QD）； I/O 输入与输出（PI、PQ）； 存储位（M、MB、MW、MD）； 定时器/计数器； 程序块（FB、FC、SFB、SFC）； 数据块（DB）； 用户定义数据类型（UDT）； 变量表（VAT）	可以为下列对象定义局部符号： 块参数（输入、输出及输入/输出参数）； 块的静态数据； 块的临时数据
定义位置	符号表	程序块的变量声明区

③ 代码编辑区 用户使用LAD、STL或FBD编写程序的过程都是在代码窗口中进行的。STEP 7 的程序代码可以划分为多个程序段（Network），划分程序段可以让编程的思路和程序结构都更加清晰。在工具栏上单击按钮可以插入一个新的程序段。

程序编辑器的代码窗口包含程序块的标题、块注释和各程序段，每个程序段中又包含段标题、段注释和该段内的程序代码。对于用 STL 语言编写的程序，还可以在每一行代码后面用双斜杠“//”添加一条语句的注释。所有的标题和注释都支持中文输入。图 2-8 显示了代码编辑区的结构。

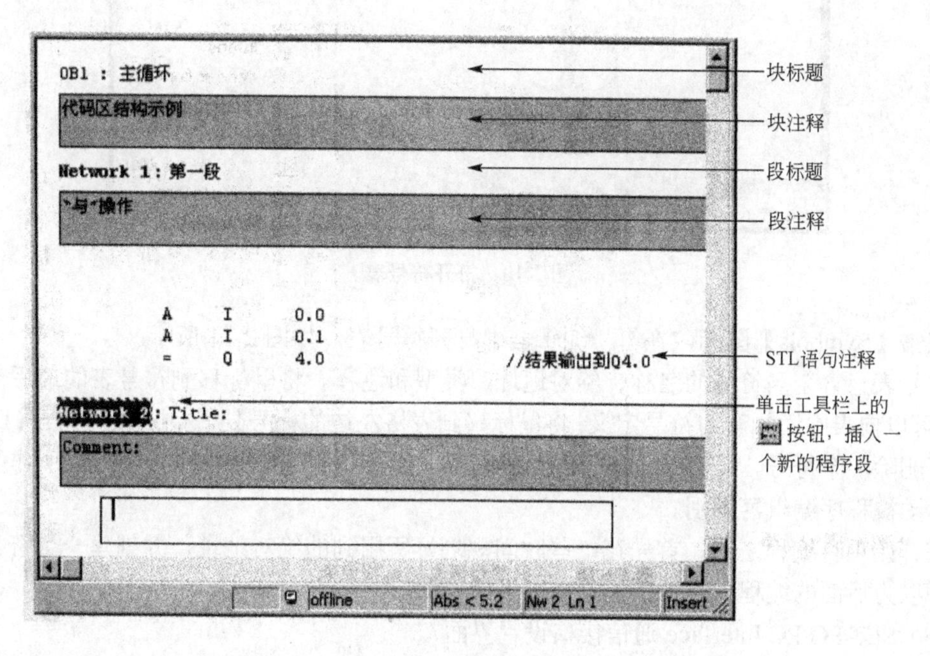

图 2-8 代码编辑区的结构

信息窗口上有很多标签，每个标签对应一个子窗口。有显示错误信息的（1：Error），有显示地址信息的（Address info.），有诊断信息（Diagnostics）等。如图2-9所示。

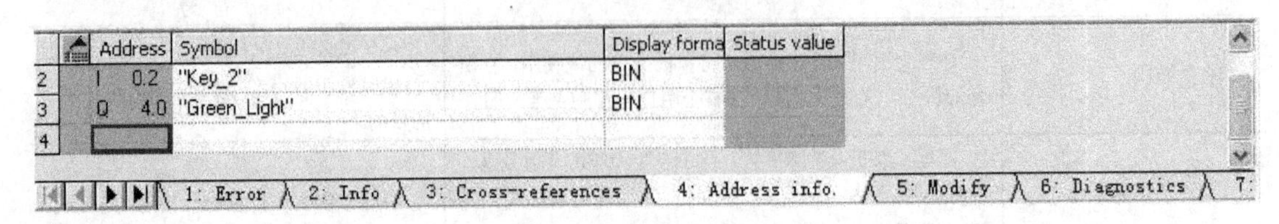

图2-9　信息窗口的标签

（4）符号编辑器界面

局部符号的名称是在程序块的变量声明区中定义的，全局符号则是通过符号表来定义的。符号表创建和修改由符号编辑器实现。使用这个工具生成的符号表是全局有效的，可供其他所有工具使用，因而一个符号的任何改变都能自动被其他工具识别。

对于一个新项目，在S7程序目录下单击右键，在弹出的快捷菜单中选择【Insert New Object】→【Symbol Table】可以新建一个符号表。在"示例项目"的【S7 Program（1）】目录下可以看到已经存在一个符号表【Symbols】。如图2-10所示。

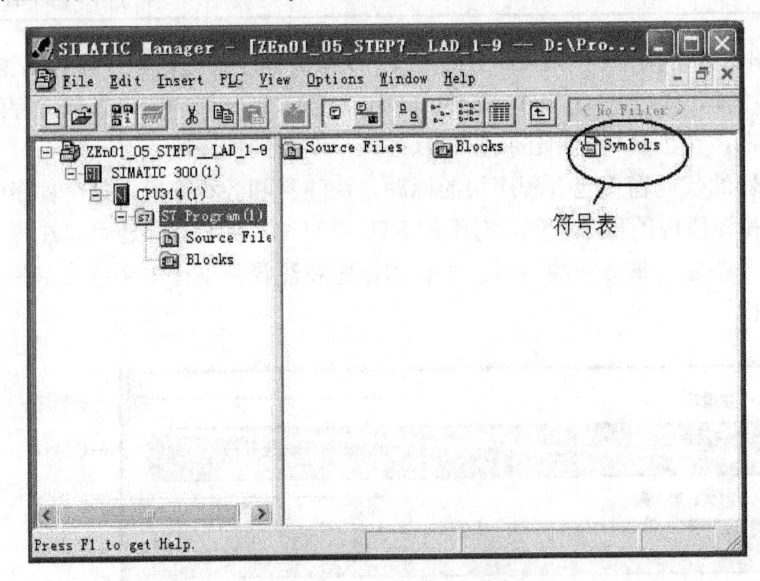

图2-10　打开符号表

双击【Symbols】图标，在符号编辑器中打开符号表。如图2-11所示。

符号表包含全局符号的名称、绝对地址、类型和注释。将鼠标移到符号表的最后一个空白行，可以向表中添加新的符号定义；将鼠标移到表格左边的标号处，选中一行，单击【Delete】键即可删除一个符号。STEP 7是一个集成的环境，因此在符号编辑器中对符号表所作的修改可以自动被程序编辑器识别。

在开始项目编程之前，首先花一些时间规划好所用到的绝对地址，并创建一个符号表，这样可以为后面的编程和维护工作节省更多的时间。

（5）SET PG/PC Interface通信接口设置界面

PG/PC接口是PG/PC和PLC之间进行通信连接的接口。PG/PC支持多种类型的接口，每种接口都需要进行相应的参数设置（如通信波特率）。因此，要实现 PG/PC 和 PLC 设备之间的通信连接，必须正确地设置 PG/PC 接口。

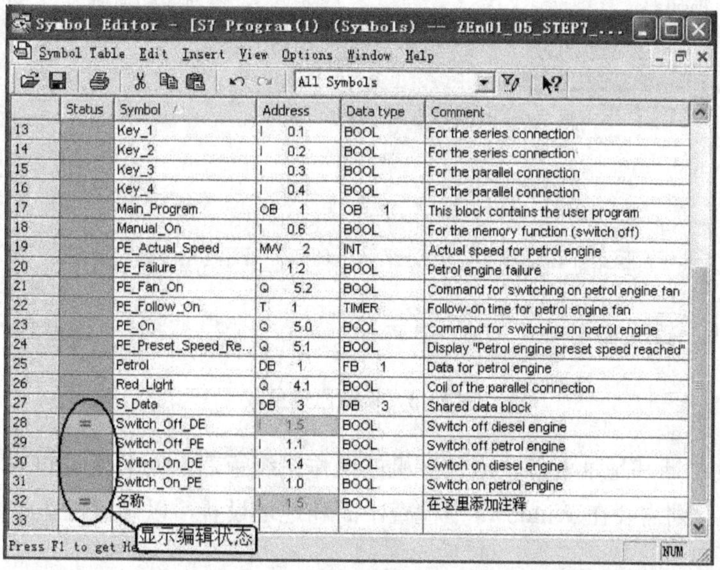

	Status	Symbol	Address	Data type	Comment
13		Key_1	I 0.1	BOOL	For the series connection
14		Key_2	I 0.2	BOOL	For the series connection
15		Key_3	I 0.3	BOOL	For the parallel connection
16		Key_4	I 0.4	BOOL	For the parallel connection
17		Main_Program	OB 1	OB 1	This block contains the user program
18		Manual_On	I 0.6	BOOL	For the memory function (switch off)
19		PE_Actual_Speed	MW 2	INT	Actual speed for petrol engine
20		PE_Failure	I 1.2	BOOL	Petrol engine failure
21		PE_Fan_On	Q 5.2	BOOL	Command for switching on petrol engine fan
22		PE_Follow_On	T 1	TIMER	Follow-on time for petrol engine fan
23		PE_On	Q 5.0	BOOL	Command for switching on petrol engine
24		PE_Preset_Speed_Re...	Q 5.1	BOOL	Display "Petrol engine preset speed reached"
25		Petrol	DB 1	FB 1	Data for petrol engine
26		Red_Light	Q 4.1	BOOL	Coil of the parallel connection
27		S_Data	DB 3	DB 3	Shared data block
28	=	Switch_Off_DE	I 1.5	BOOL	Switch off diesel engine
29		Switch_Off_PE	I 1.1	BOOL	Switch off petrol engine
30		Switch_On_DE	I 1.4	BOOL	Switch on diesel engine
31		Switch_On_PE	I 1.0	BOOL	Switch on petrol engine
32	=	名称	I 1.5	BOOL	在这里添加注释
33					

显示编辑状态

图 2-11　符号表

STEP 7 安装过程中，会提示用户设置 PG/PC 接口的参数。在安装完成之后，可以通过以下几种方式打开 PG/PC 接口设置对话框：Windows 的【控制面板】→【Set PG/PC Interface】在【SIMATIC Manager】中，通过菜单项【Options】→【Set PG/PC Interface】，设置 PG/PC 接口的对话框如图 2-12 所示。设置步骤如下。

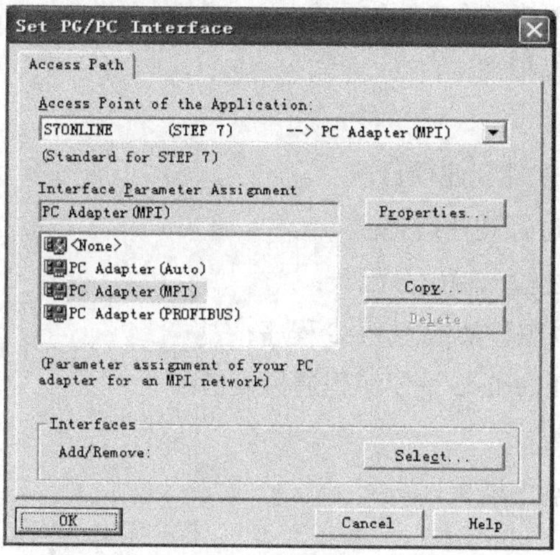

图 2-12　设置 PG/PC 接口

将【Access Point of the Application】(应用访问节点)设置为【S7ONLINE (STEP 7)】；在【Interface Parameter Assignment】(接口参数集)的列表中，选择所需的接口类型，如果没有所需的类型，可以通过单击【Select】按钮安装相应的模块或协议；选中一个接口，单击【Properties】(属性)按钮，在弹出的对话框中对该接口的参数进行设置。如图 2-13 所示。

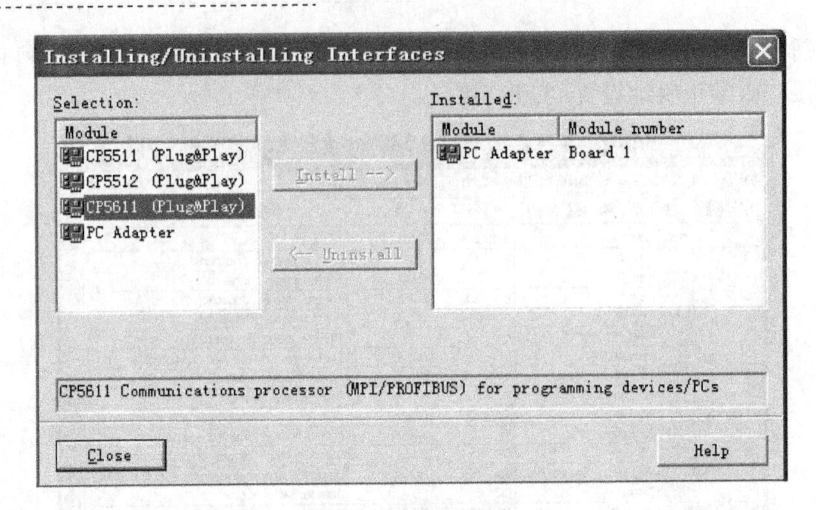

图 2-13 设置通信参数

接口硬件的中断和地址资源，由计算机的操作系统管理，如果使用PC机和MPI卡或通信处理器（CP），则需要在Windows中检查中断和地址设置，以确保没有中断冲突和地址区重叠。

（6）NETPro网络组态界面

该工具用于组态通信网络连接，包括网络连接的参数设置和网络中各个通信设备的参数设置。

【任务实施】

1．实施要求

① 用项目创建向导创建一个S7的项目；

② 用PLCSIM进行模拟调试。

2．实施步骤

① 启动STEP7编程软件创建项目；

② 通过HW Config进行硬件组态；

③ 在符号编辑器创建输入输出分配表；

④ 用LAD/STL/FBD编程器编写PLC程序；

⑤ 通过SET PG/PC Interface设置编程通信接口；

⑥ 安装STEP 7软件；

⑦ 连接数字量输入输出模块。

任务二 电动机启停控制

【任务描述】

在编程软件中建立一个项目，并进行组态，然后编写电机启停程序，下载到PLCSIM中，学习PLCSIM的使用。图2-14所示为电机启停控制硬件接线图。

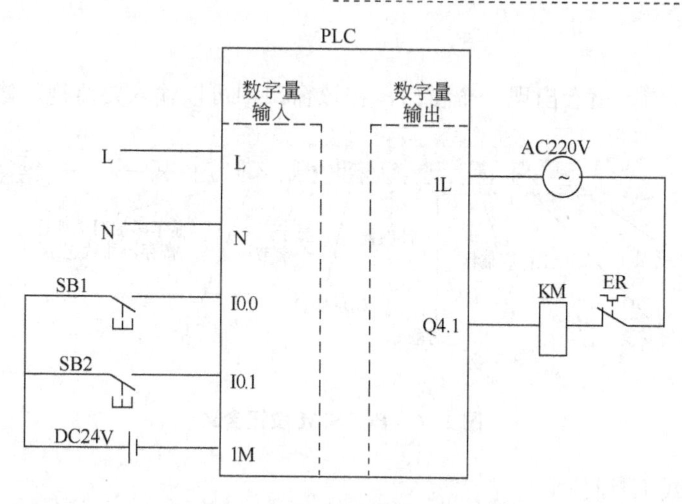

图 2-14　电机启停控制硬件接线图

【知识链接】

1. PLCSIM 简介

STEP 7 的可选软件工具 PLCSIM 是一个 PLC 仿真软件，它能够在 PG/PC 上模拟 S7-300、S7-400 系列 CPU 运行。如果未安装该软件，则【SIMATIC Manager】工具栏中的模拟按钮【Simulation】处于失效状态；安装了 PLCSIM 之后，该软件会集成到 STEP 7 环境中。在【SIMATIC Manager】工具栏上，可以看到模拟按钮变为有效状态。可以像对真实的硬件一样，对模拟 CPU 进行程序下载、测试和故障诊断，具有方便和安全的特点，因此非常适合前期的工程调试。另外，PLCSIM 也可供不具备硬件设备的读者学习时使用。

2. PLCSIM 使用

在【SIMATIC Manager】中，单击工具栏上的按钮【Simulation on/off】按钮，即可启动 PLCSIM。启动 PLCSIM 后，出现图 2-15 的界面。界面中有一个【CPU】窗口，它模拟了 CPU 的面板，具有状态指示灯和模式选择开关。

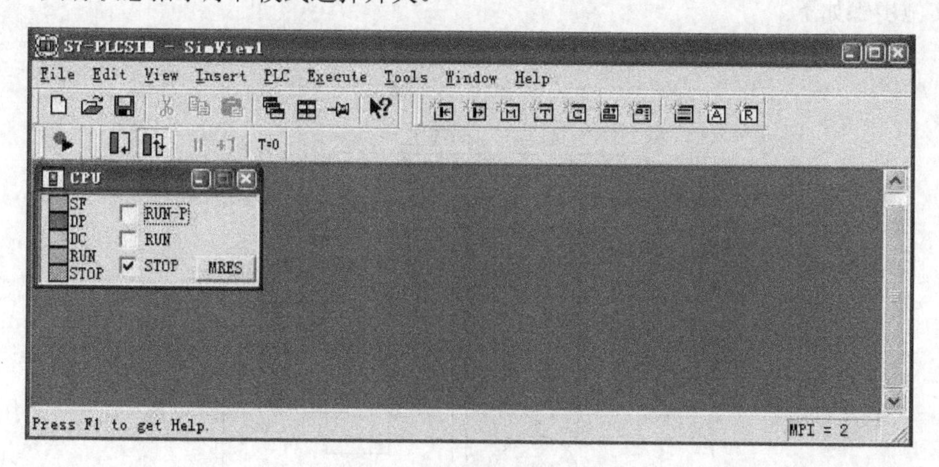

图 2-15　PLCSIM 运行界面

（1）显示对象工具栏

通过显示对象工具栏中的按钮，可以显示或修改各类变量的值。各按钮的含义如图 2-16

所示。

单击其中的按钮，就会出现一个窗口，在该窗口中可以输入要监视、修改的变量名称。

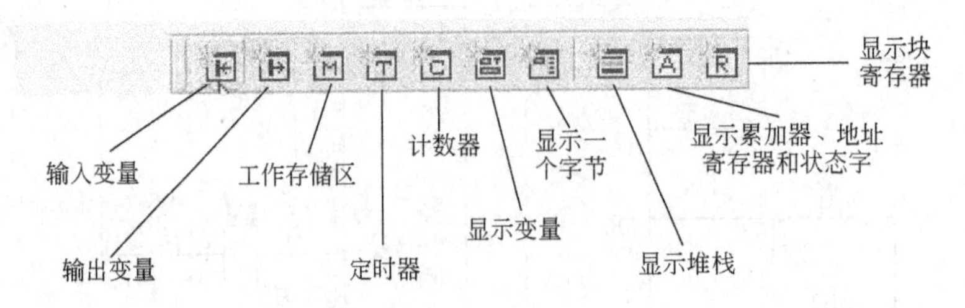

图 2-16 PLCSIM 按钮含义

（2）CPU 模式工具栏

CPU 模式工具栏可以选择 CPU 中程序的执行模式。连续循环模式与实际 CPU 正常运行状态相同；单循环模式下，模拟 CPU 只执行一个扫描周期，用户可以通过单击按钮进行下一次循环。无论在何种模式下，都可以通过单击按钮暂停程序的执行。

3．PLCSIM 与真实 PLC 的差别

PLCSIM 的下列功能在实际 PLC 上无法实现：程序暂停/继续功能，单循环执行模式；模拟 CPU 转为 STOP 状态时，不会改变输出；通过显示对象窗口修改变量值，会立即生效，而不会等到下一个循环；定时器手动设置过程映像区和直接外设是同步动作的，过程映像 I/O 会立即传送到外设 I/O。

另外，PLCSIM 无法实现下列实际 PLC 具备的功能：少数实际系统中的诊断信息 PLCSIM 无法仿真，例如电池错误；当从 RUN 变为 STOP 模式时，I/O 不会进入安全状态；不支持特殊功能模块，PLCSIM 只模拟单机系统，不支持 CPU 的网络通信模拟功能。

【任务实施】

实施步骤如下。

1．电机启停电气原理图（见图 2-17）

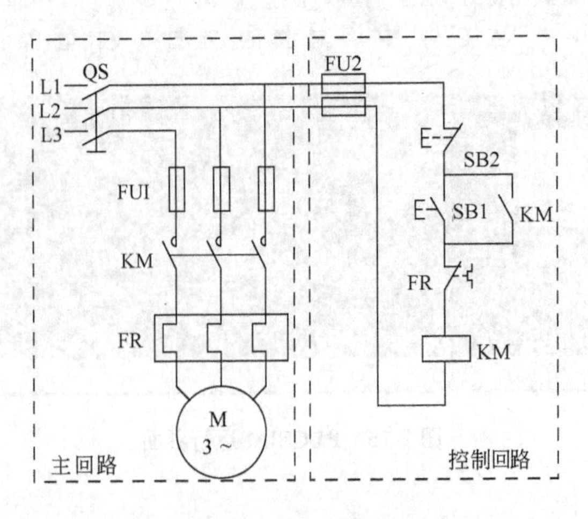

图 2-17 电机启停电气原理图

2．使用项目向导创建 STEP 7 项目（见图 2-18、图 2-19）

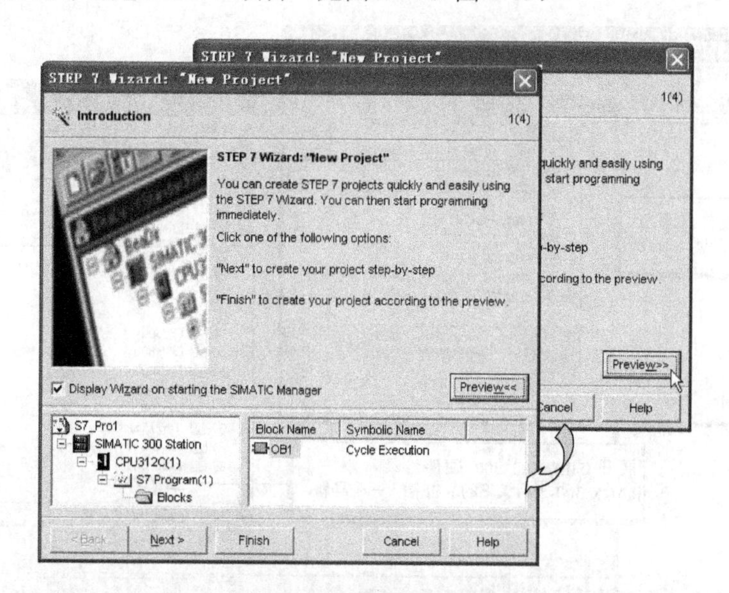

图 2-18　使用向导创建项目

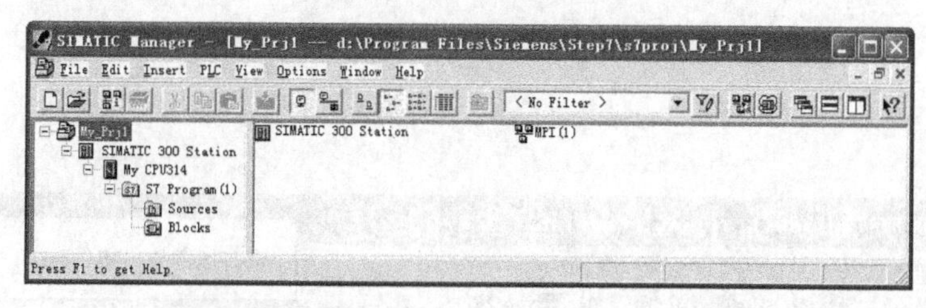

图 2-19　完成项目创建，项目名：My_prj1

3．手动创建 STEP 7 项目（见图 2-20）

图 2-20　手动创建项目，项目名：My_prj2

4．插入 S7-300 工作站（见图 2-21）

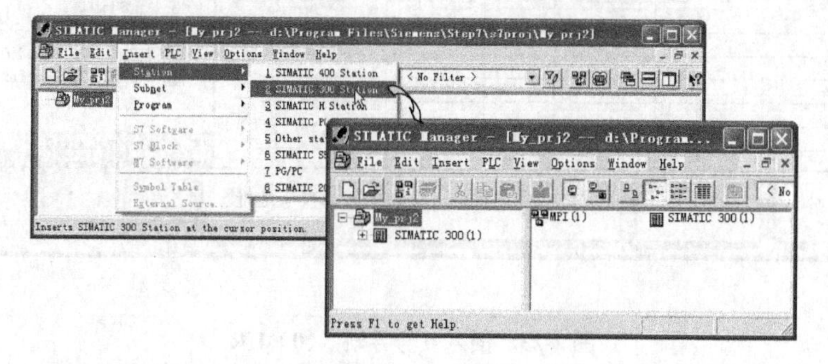

图 2-21　在 My_prj2 项目内插入 S7-300 工作站：SIMATIC 300(1)

5．硬件组态（见图 2-22～图 2-27）

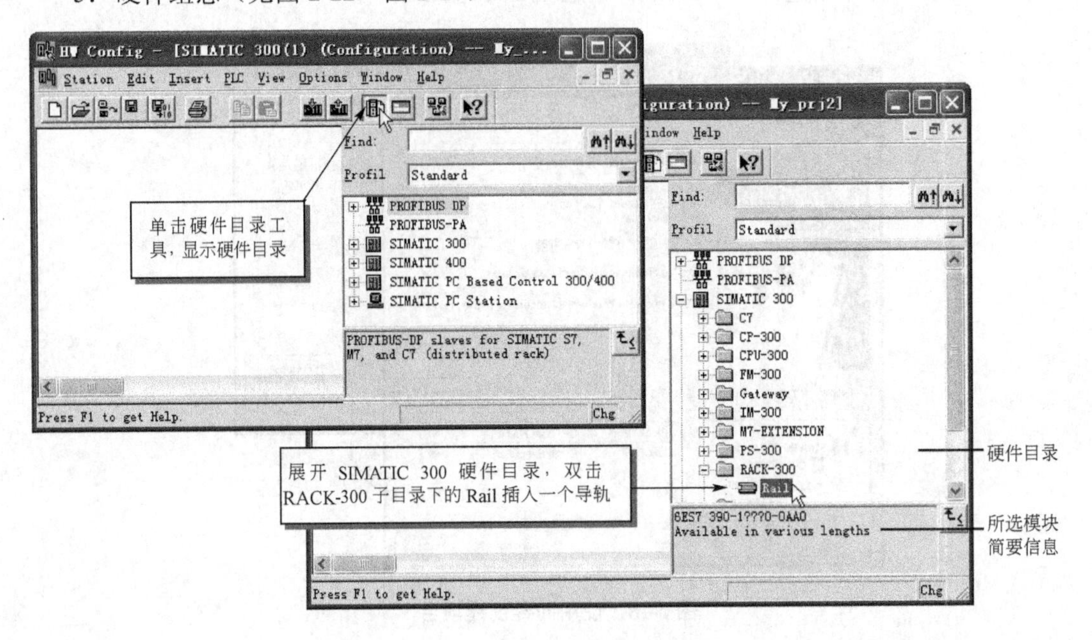

图 2-22 硬件组态界面

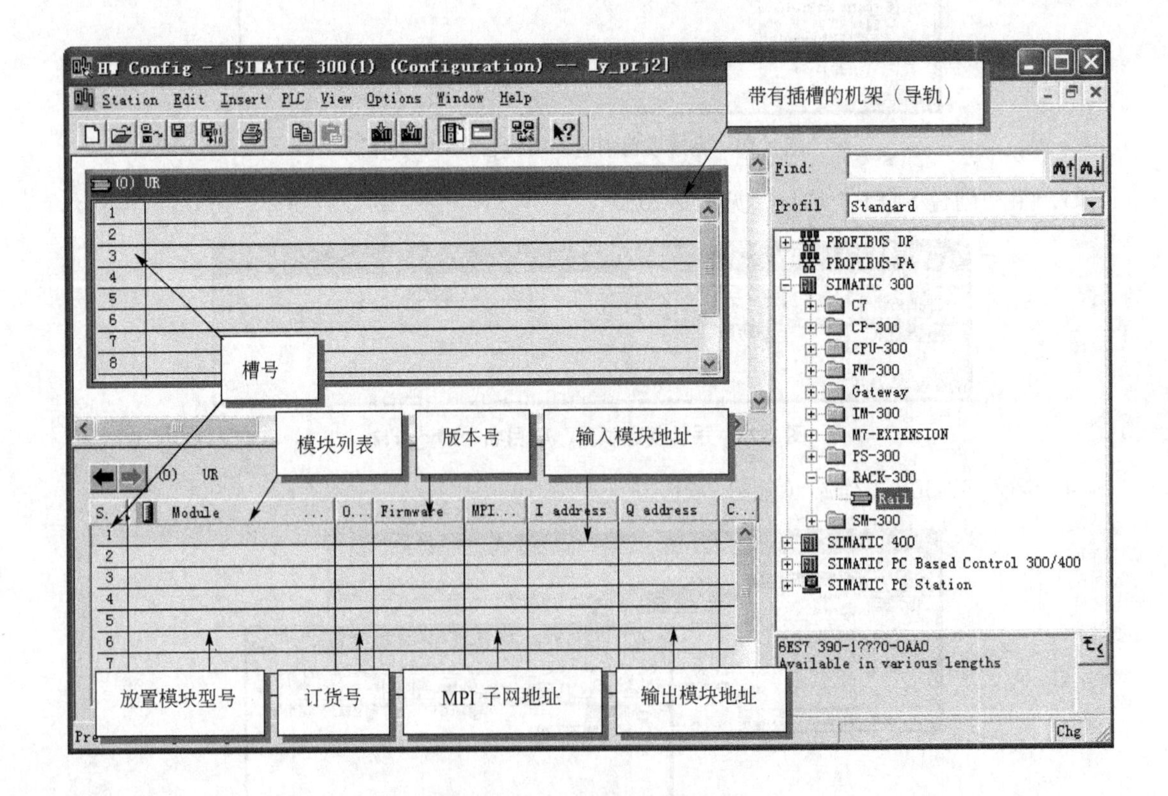

图 2-23 插入 0 号导轨：（0）UR

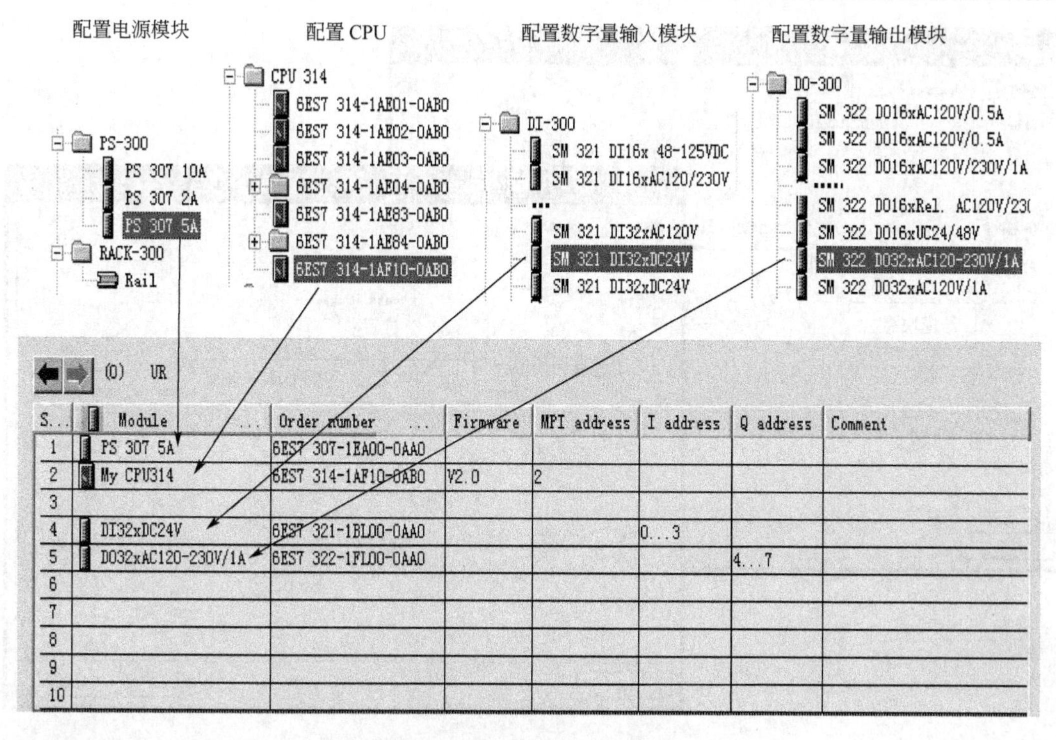

图 2-24　插入各种 S7-300 模块

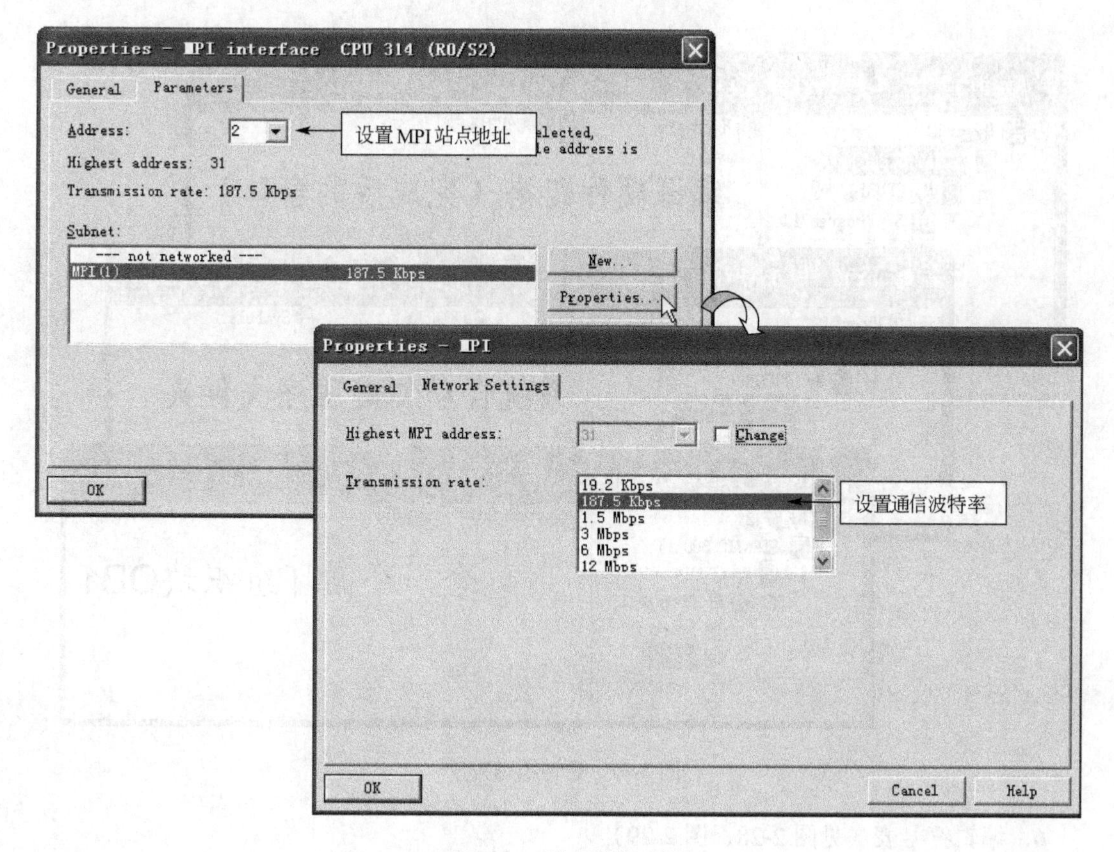

图 2-25　设置通信属性

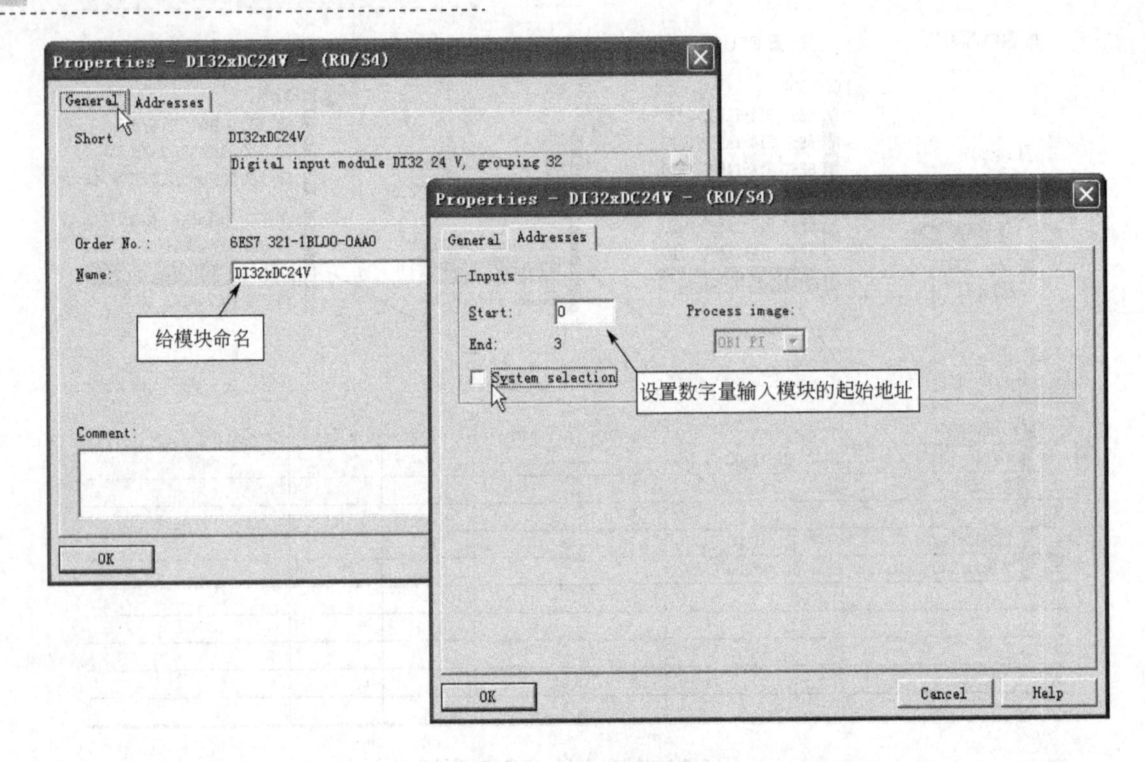

图 2-26　设置模块属性

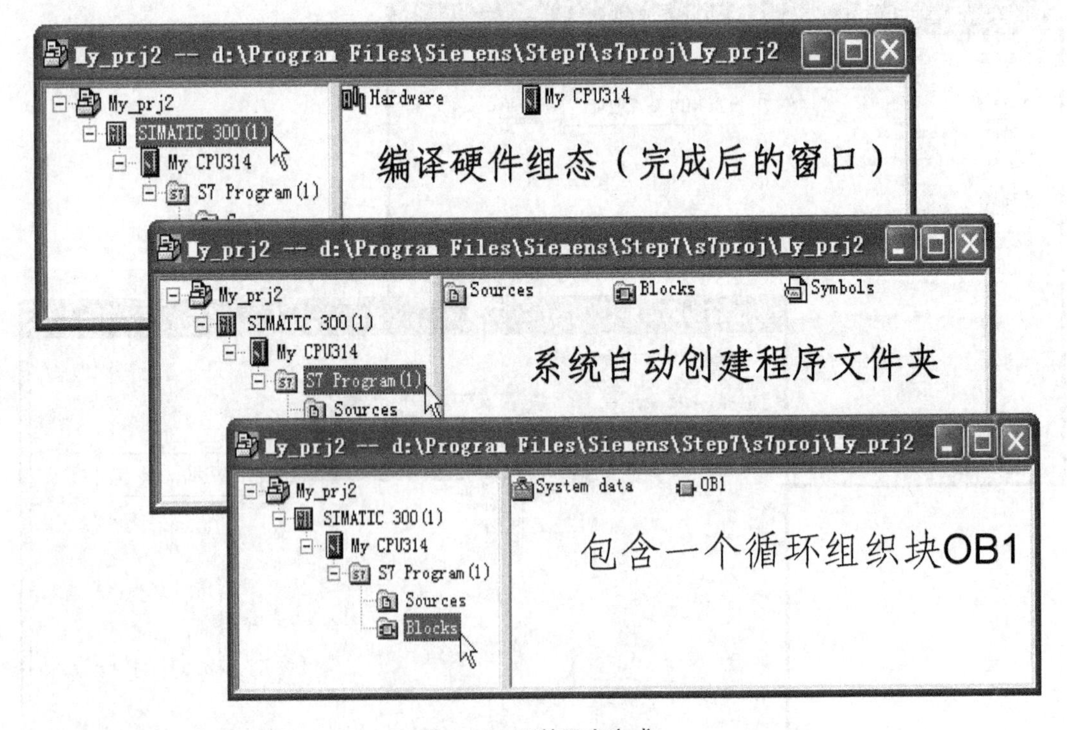

图 2-27　硬件组态完成

6．编辑符号表（见图 2-28、图 2-29）

7．程序编辑窗口（见图 2-30）

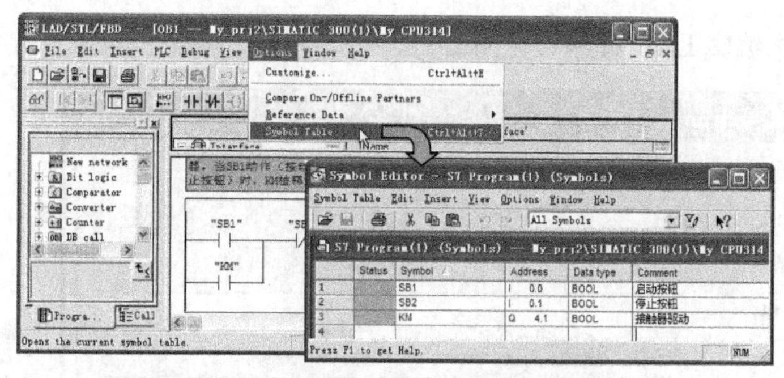

图 2-28　从 LAD/STL/FBD 编辑器打开符号表

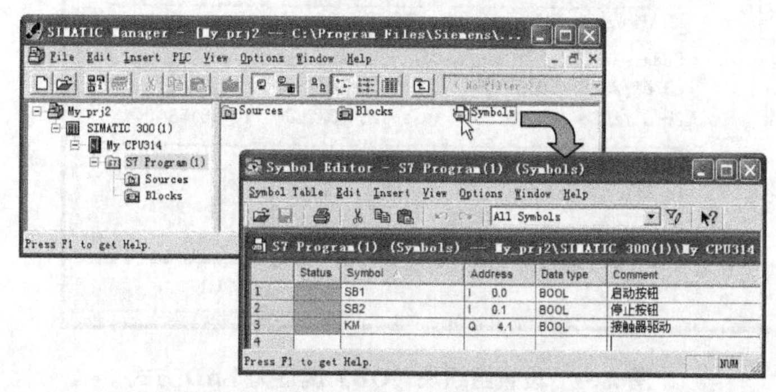

图 2-29　从 SIMATIC 管理器打开符号表

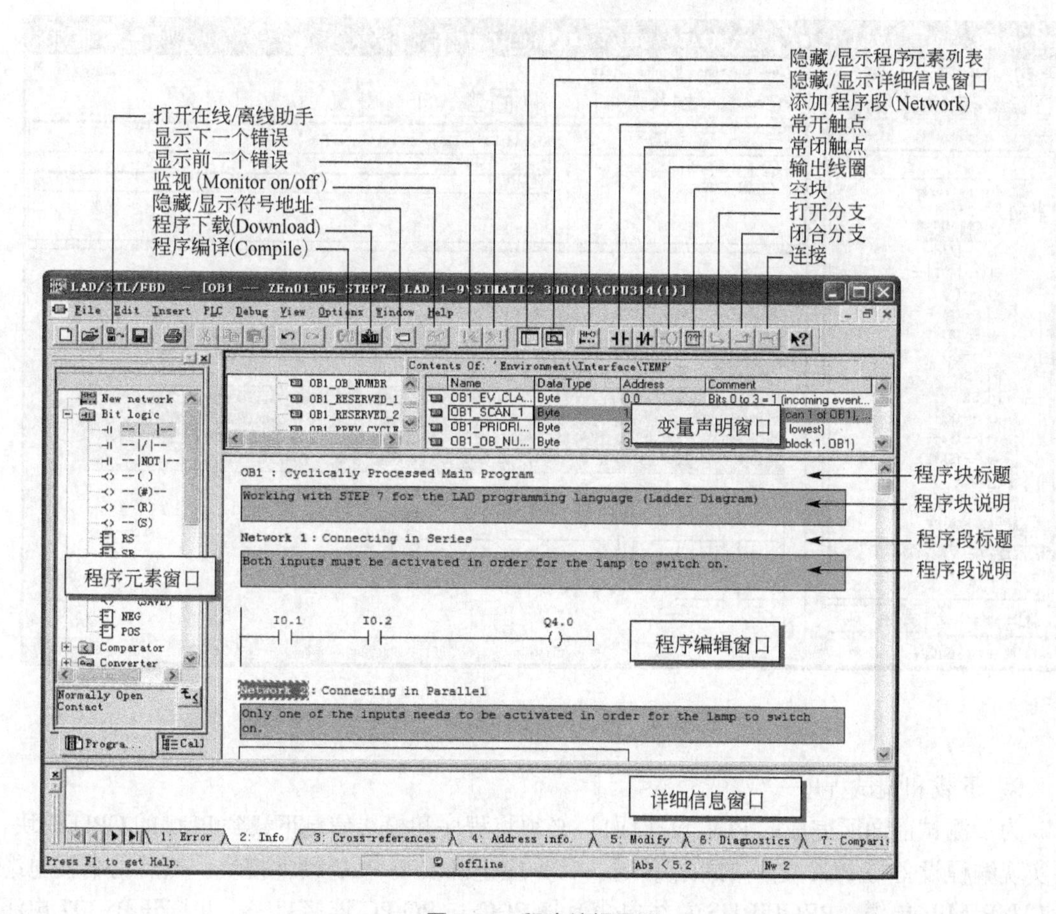

图 2-30　程序编辑界面

8．在 OB1 中编辑 LAD 程序（见图 2-31、图 2-32）

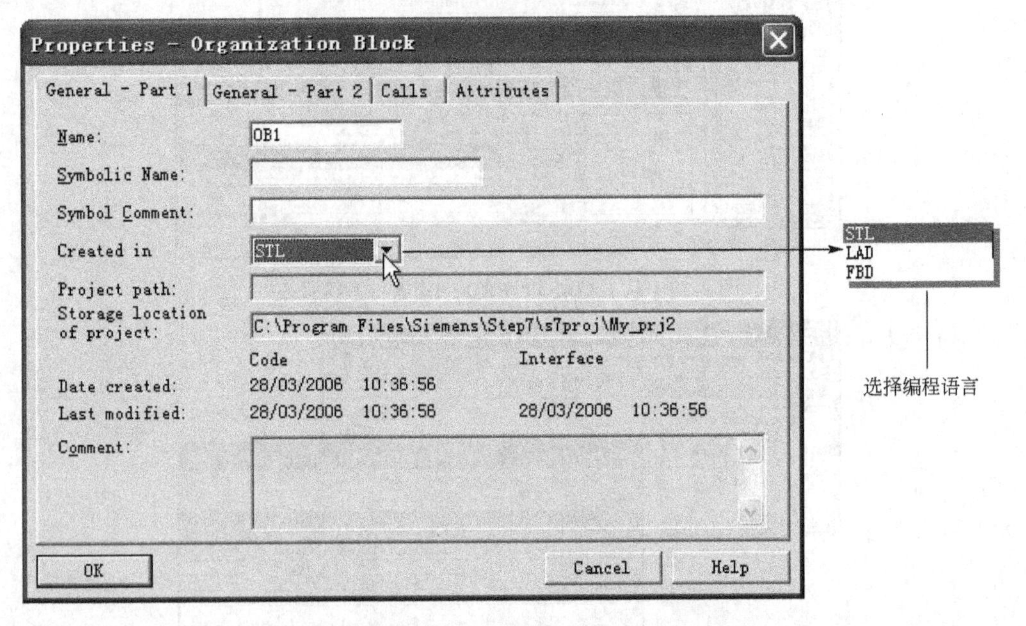

图 2-31 设置组织块（OB）属性为 LAD 方式

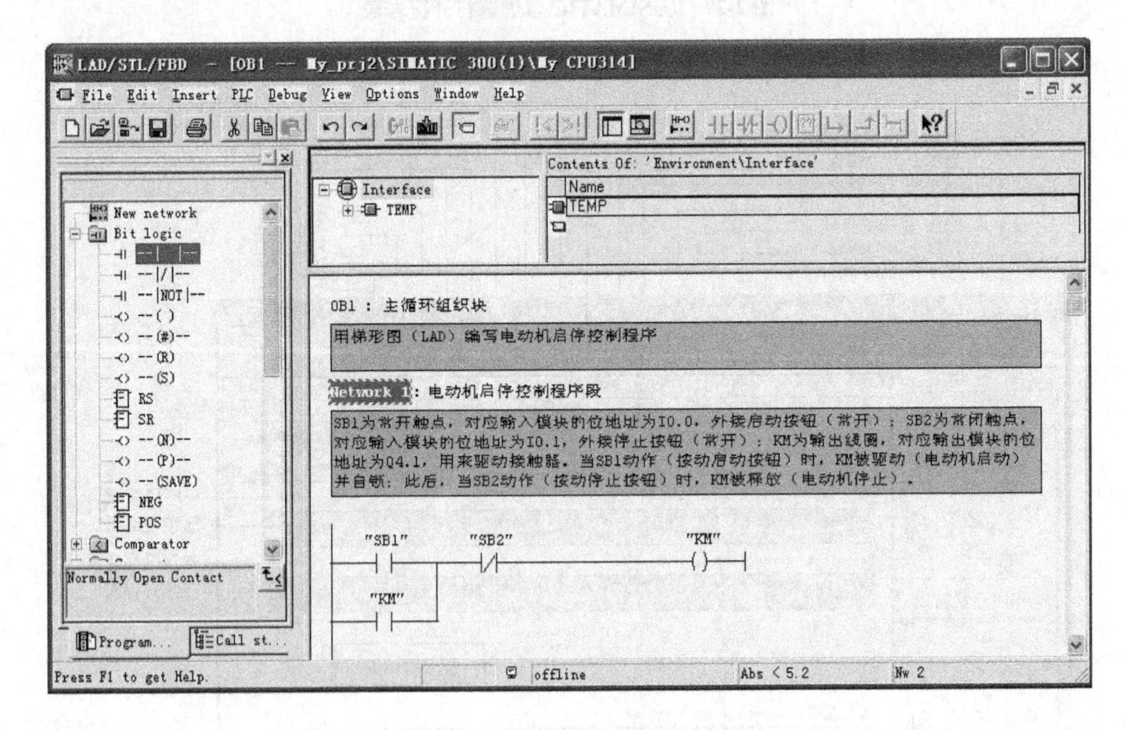

图 2-32 编写梯形图（LAD）程序

9．下载和调试程序

为了测试前面所完成的 PLC 设计项目，必须将程序和模块信息下载到 PLC 的 CPU 模块。要实现编程设备与 PLC 之间的数据传送，首先应正确安装 PLC 硬件模块，然后用编程电缆（如 USB-MPI 电缆、PROFIBUS 总线电缆）将 PLC 与 PG/PC 连接起来，并打开 PS307 电源开关。

（1）下载程序及模块信息（见图 2-33）

具体步骤如下：

① 启动 SIMATIC Manager，并打开 My_prj2 项目；

② 单击仿真工具按钮 ，启动 S7-PLCSIM 仿真程序；

③ 将 CPU 工作模式开关切换到 STOP 模式；

④ 在项目窗口内选中要下载的工作站 ；

⑤ 执行菜单命令【PLC】→【Download】，或单击鼠标右键执行快捷菜单命令【PLC】→【Download】将整个 S7-300 站下载到 PLC。

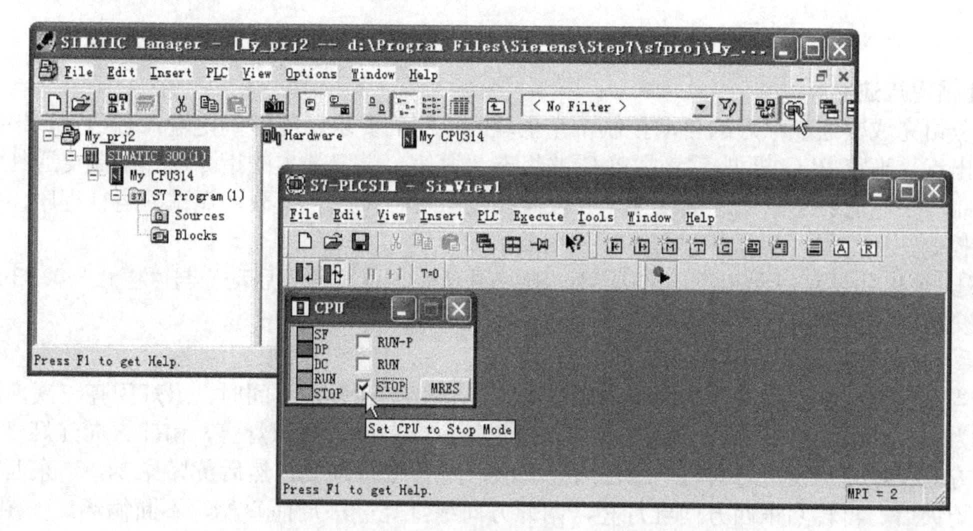

图 2-33 将 PLC 程序下载到 PLCSIM 中

（2）用 S7-PLCSIM 调试程序（见图 2-34）

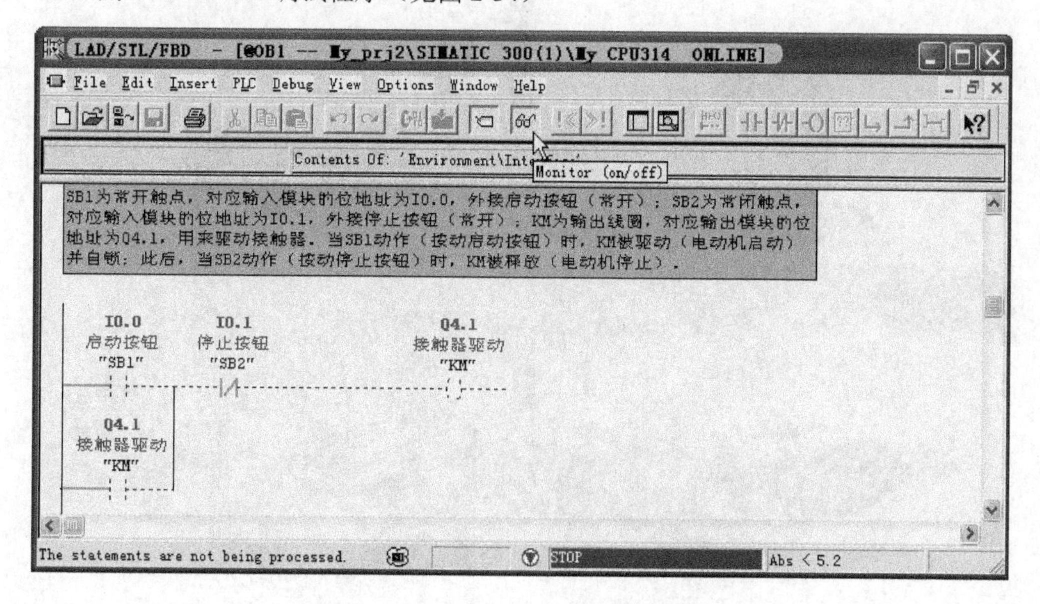

图 2-34 用 S7-PLCSIM 调试程序

学习情境三

交通红绿灯控制系统的设计、安装和调试

【情境描述】

分组完成交通红绿灯的自动控制，完全理解控制的要求，能够确定输入输出点，根据输入输出点，确定 PLC 机型，完成 PLC 的组态、通信，学习基本的指令，并编制交通红绿灯的控制程序，能够绘制硬件接线图，并按照接线图进行接线、下载、调试并运行程序，完成 PLC 控制交通红绿灯的任务。交通灯控制要求如下。

① 该单元设有启动和停止开关 S1、S2，用以控制系统的“启动”与“停止”。S3 还可屏蔽交通灯的灯光。

② 交通灯显示方式。

当东西方向红灯亮时，南北方向绿灯亮，当绿灯亮到设定时间时，绿灯闪亮三次，闪亮周期为 1s，然后黄灯亮 2s，当南北方向黄灯熄灭后，东西方向绿灯亮，南北方向红灯亮，当东西方向绿灯亮到设定时间时，绿灯闪亮三次，闪亮周期为 1s，然后黄灯亮 2s，当东西方向黄灯熄灭后，再转回东西方向红灯亮，南北方向绿灯亮……周而复始，不断循环。如图 3-1 所示。

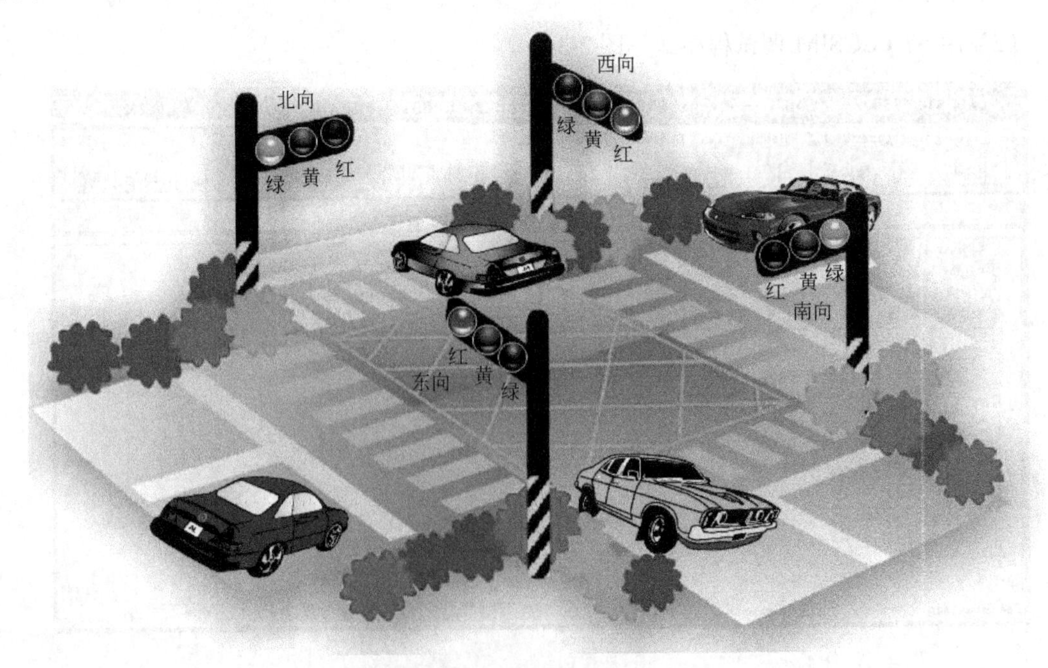

图 3-1　交通红绿灯示意图

任务一　S7-300 PLC 控制交通红绿灯硬件选型设计

【任务描述】

完成交通红绿灯控制点的选择，以及控制硬件和 S7-300PLC 主机的选择，绘制 PLC 的硬件接线图，根据硬件接线图进行接线，编制控制程序并下载、调试、运行。

【知识链接】

一、典型 CPU 模块

1．CPU 313

CPU313 是标准型 CPU。具有更大的程序存储器、低成本的解决方案，适用于对速度要求较高、程序较大的小型应用领域。CPU313 内置 12 KB 的 RAM，其装载存储器为内置 20 KB 的 RAM，可用存储卡扩充装载存储器，最大容量为 4MB，指令执行速度为 600 ns/二进制指令。扩展模块只能装在一个导轨上，最大扩展 128 点数字量和 32 路模拟量。CPU313 采用的是软件时钟，它给用户提供一个工作时间计时器。该计时器可用来计量 CPU 或所连接设备的工作时间长度。

2．CPU 313C

CPU 313C 是紧凑型 CPU，带集成的数字量和模拟量的输入和输出。无内置装载存储器，操作时必须用 MMC 卡扩充装载存储器。适用于具有较高要求的系统中。

3．CPU 313C-2DP

紧凑型 CPU，带集成的数字量输入和输出，以及 PROFIBUS DP 主站/从站接口。操作时也必须用 MMC 卡扩充装载存储器。

4．CPU315/CPU315-2DP

CPU315 是具有中到大容量程序存储器和大规模 I/O 配置的 CPU。CPU315-2DP 是具有中到大容量程序存储器和 PROFIBUS-DP 主/从接口的 CPU，它用于包括分布式及集中式 I/O 的任务中。CPU315/CPU315-2DP 具有 48 KB/64 KB，内置 80/96 KB 的装载存储器(RAM)，可用存储卡扩充装载存储器，最大容量为 512 KB，指令执行速度为 300 ns/二进制指令，最大可扩展 1024/2048 点数字量或 128/256 个模拟量通道。CPU315-2DP 是带现场总线(PROFIBUS)SINEC L2-DP 接口的 CPU 模块，其他特性与 CPU315 模块相同。

二、SM 模块

信号模块（SM）也叫输入/输出模块，是 CPU 模块与现场输入输出元件和设备连接的桥梁，用户可根据现场输入/输出设备选择各种用途的 I/O 模块。S7-300 的输入/输出模块外部连线接在插入式的前连接器的端子上，前连接器插在前盖后面的凹槽内。不需断开前连接器上的外部连线，就可以迅速地更换模块。信号模块面板上的 LED 用来显示各数字量输入/输出点的信号状态，模块安装在 DIN 标准导轨上，通过总线连接器与相邻的模块连接。

S7-300 有多种型号的数字量 I/O 模块供选择。本节主要介绍数字量输入模块 SM321、数字量输出模块 SM322。

（1）数字量输入模块 SM321

数字量输入模块有直流输入方式和交流输入方式。对现场输入元件，仅要求提供开关触点即可。输入信号进入模块后，一般都经过光电隔离和滤波，然后才送至输入缓冲器等待 CPU 采样。采样时，信号经过背板总线进入到输入映像区。

数字量输入模块 SM321 有四种型号模块可供选择，即直流 16 点输入（见图 3-2）、直流 32 点输入（见图 3-3）、交流 16 点输入、交流 8 点输入模块。模块的每个输入点有一个绿色发光二极管显示输入状态，输入开关闭合即有输入电压时，二极管点亮。

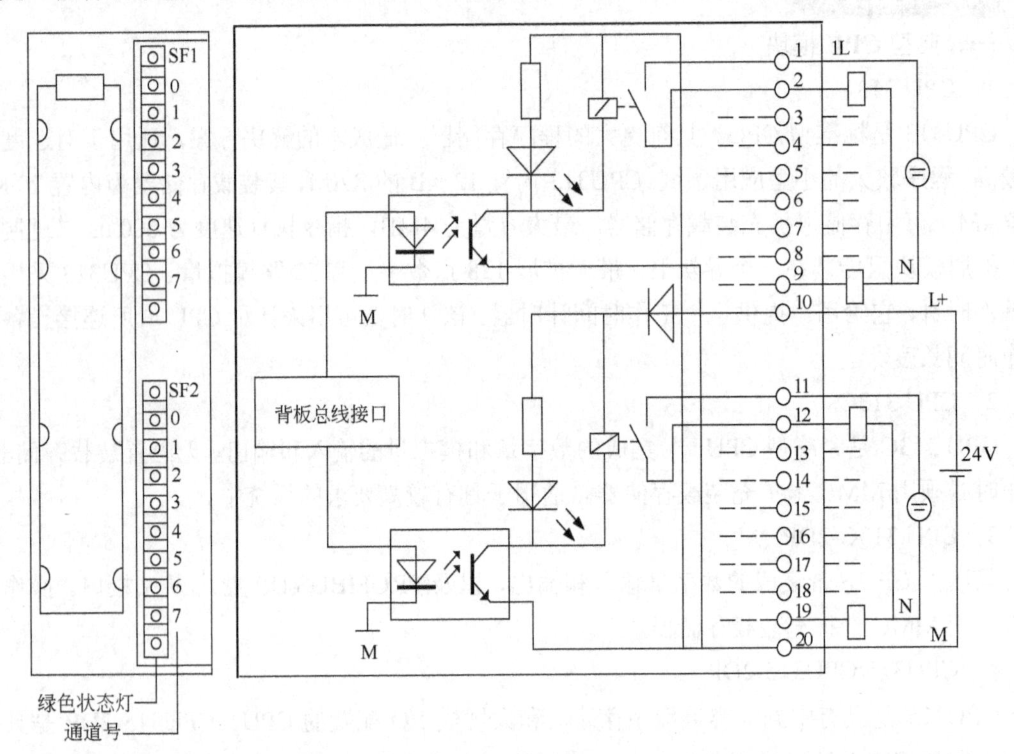

图 3-2 16 点数字量继电器输出模块的内部电路及外部端子接线

（2）数字量输出模块 SM322

数字量输出模块 SM322 将 S7-300 内部信号电平转换成过程所要求的外部信号电平，可直接用于驱动电磁阀、接触器、小型电动机、灯和电动机启动器等。按负载回路使用的电源不同，它可分为直流输出模块、交流输出模块和交直流两用输出模块。按输出开关器件的种类不同，它又可分为晶体管输出方式、晶闸管输出方式和继电器触点输出方式。晶体管输出方式的模块只能带直流负载，属于直流输出模块；晶闸管输出方式属于交流输出模块；继电器触点输出方式的模块属于交直流两用输出模块。从响应速度上看，晶体管响应最快，继电器响应最慢；从安全隔离效果及应用灵活性角度来看，以继电器触点输出型最佳。

【任务实施】

① 电源模块 PS305（5A）、CPU 模块 313C-2DP、数字量模块 SM321、SM322、仿真模块 SM374、连接器、导轨、螺钉、螺丝刀、导线若干，开关按钮 1 个 。

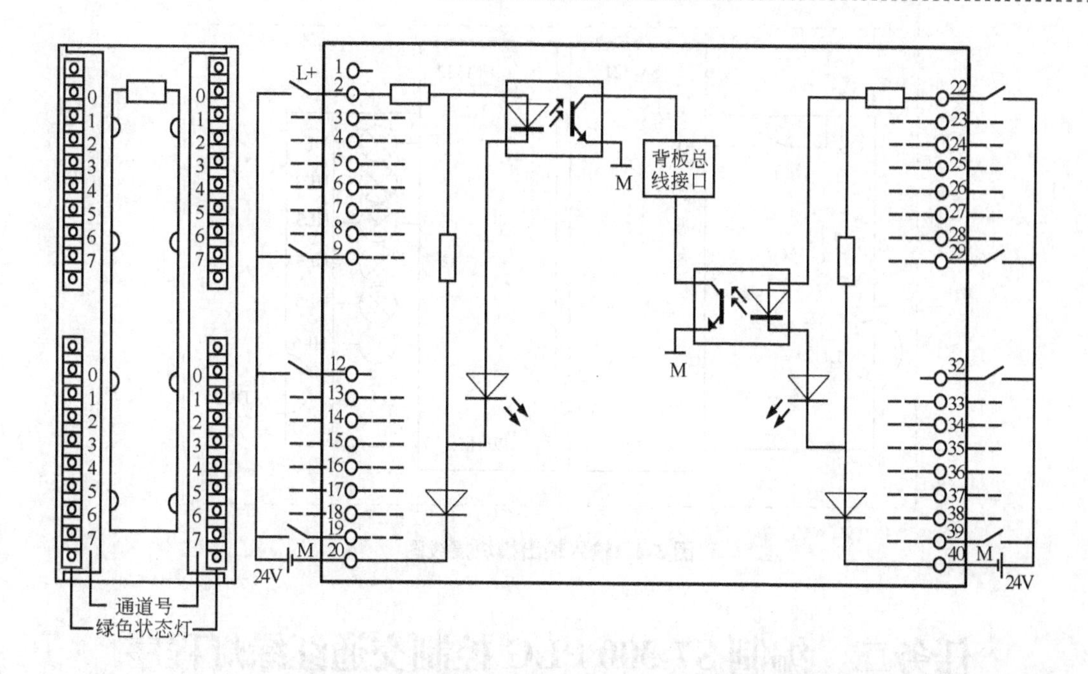

图 3-3　直流 32 点数字量输入模块的内部电路及外部端子接线图

② 指示灯 6 个（也可直接使用 S7-300PLC 输出模块输出指示灯）。

③ PLC 硬件配置：控制系统中的硬件配置如表 3-1 所示。

表 3-1　PLC 的硬件配置

序号	名　称	型号说明	数量
1	CPU	CPU313	1
2	电源模块	PS307	1
3	开关量输入模块	SM321	1
4	开关量输出模块	SM322	1
5	前连接器	20 针	2

④ 分析控制要求进行输入输出点分配（见表 3-2），并根据分配画出外部接线图。

表 3-2　PLC 的 I/O 地址分配

序号	输入信号名称	地址
1	自动开关 QS（常开）	I0.0
序号	输出信号名称	地址
1	东西绿灯 HL1	Q4.0
2	东西黄灯 HL2	Q4.1
3	东西红灯 HL3	Q4.2
4	南北绿灯 HL4	Q4.3
5	南北黄灯 HL5	Q4.4
6	南北红灯 HL6	Q4.5

⑤ 输入输出模块接线如图 3-4 所示。

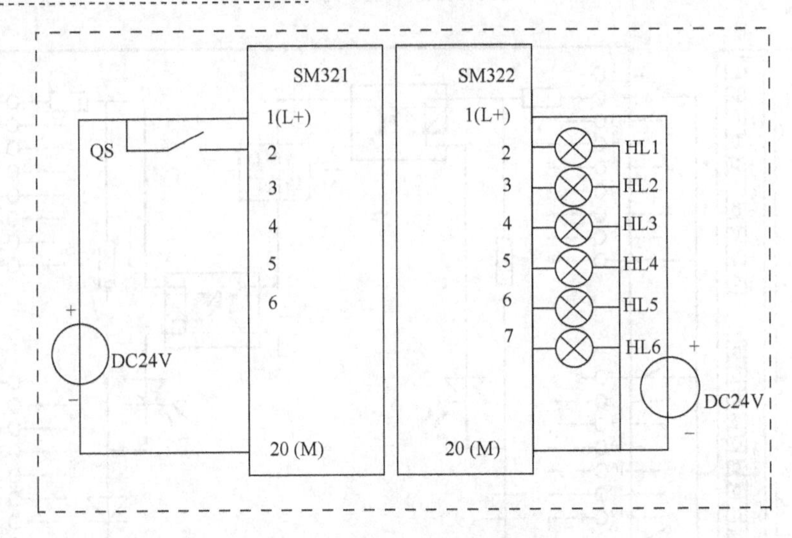

图 3-4 输入输出模块接线图

任务二 编制 S7-300 PLC 控制交通红绿灯程序

【任务描述】

根据控制要求，在 S7-300PLC 上进行组态，以及交通红绿灯的程序设计，将设计好的程序进行下载，并运行调试，直至满足控制要求。

【知识链接】

一、STEP 7 中的块

在 STEP7 软件中主要有以下几种类型的块（见图 3-5）。

组织块：OB（Organization Block）

功能：FC（Function）

功能块：FB（Function Block）

系统功能：SFC（System Function）

系统功能块：SFB（System Function Block）

背景数据块：IDB（Instance Data Block）

共享数据块：SDB（Share Data Block）

1．启动组织块

① OB100 为完全再启动类型（暖启动）。启动时，过程映像区和不保持的标志存储器、定时器及计数器被清零，保持的标志存储器、定时器和计数器以及数据块的当前值保持原状态，执行 OB100，然后开始执行循环程序 OB1。一般 S7-300PLC 都采用此种启动方式。

② OB101 为再启动类型（热启动）。启动时，所有数据（无论是保持型和非保持型）都将保持原状态，并且将 OB101 中的程序执行一次。然后程序从断点处开始执行。剩余循环执行完以后，开始执行循环程序。热启动一般只有 S7-400 具有此功能。

③ OB102 为冷启动方式。CPU318-2 和 CPU417-4 具有冷启动型的启动方式，冷启动时，所有过程映像区和标志存储器、定时器和计数器（无论是保持型还是非保持型）都将被清零，

而且数据块的当前值被装载存储器的原始值覆盖。然后将 OB102 中的程序执行一次后执行循环程序。

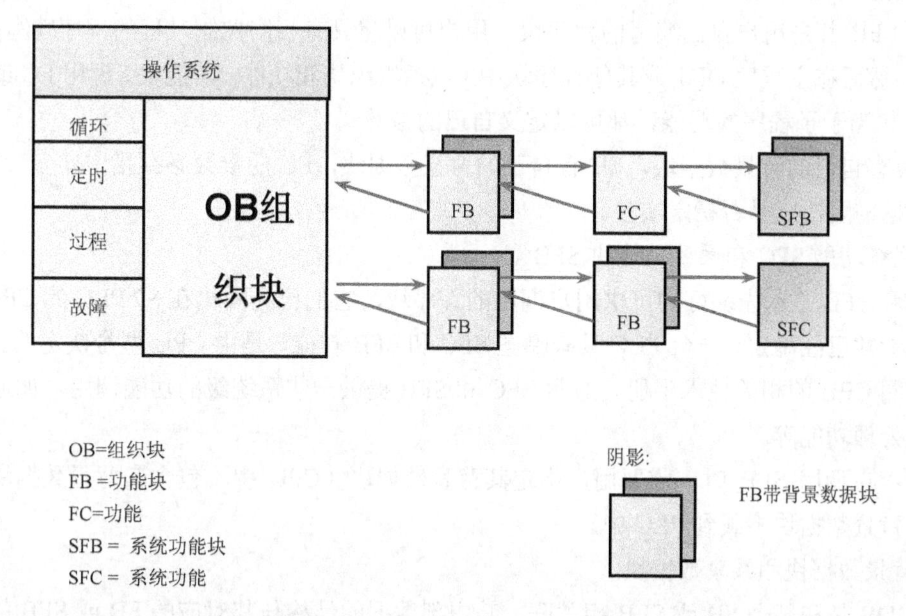

图 3-5　S7-300PLC 程序块类型

2．循环执行的程序组织块

OB1 是循环执行的组织块，其优先级为最低。PLC 在运行时将反复循环执行 OB1 中的程序，当有优先级较高的事件发生时，CPU 将中断当前的任务，去执行优先级较高的组织块，执行完成以后，CPU 将回到断点处继续执行 OB1 中的程序，并反复循环下去，直到停机或者是下一个中断发生。一般用户主程序写在 OB1 中。

3．定期的程序执行组织块

OB10、OB11～OB17 为日期中断组织块。通过日期中断组织块可以在指定的日期时间执行一次程序，或者从某个特定的日期时间开始，间隔指定的时间（如一天、一个星期、一个月等）执行一次程序。

OB30、OB31～OB38 为循环中断组织块。通过循环中断组织块可以每隔一段预定的时间执行一次程序。循环中断组织块的间隔时间较短，最长为 1min，最短为 1ms。在使用循环中断组织块时，应该保证设定的循环间隔时间大于执行该程序块的时间，否则 CPU 将出错。

4．事件驱动的程序执行组织块

组织块包括延时中断组织块、中断组织块、异步错误组织块、同步错误组织块。

（1）延时中断组织块

OB20～OB27：延时中断，当某一事件发生后，延时中断组织块（OB20）将延时指定的时间后执行。OB20～OB27 只能通过调用系统功能 SFC32 而激活，同时可以设置延时时间。

（2）硬件中断组织块

OB40～OB47：硬件中断。一旦硬件中断事件发生，硬件中断组织块 OB40～OB47 将被调用。硬件中断可以由不同的模块触发，对于可分配参数的信号模块 DI、DO、AI、AO 等，可使用硬件组态工具来定义触发硬件中断的信号；对于 CP 模块和 FM 模块，利用相应的组态软件可以定义中断的特性。

5．功能 FC 和功能块 FB

FC 和 FB 都是用户自己编写的程序块，用户可以将具有相同控制过程的程序编写在 FC 或 FB 中，然后在主程序 OB1 或其他程序块中（包括组织块和功能、功能块）调用 FC 或 FB。FC 或 FB 相当于子程序的功能，都可以定义自己的参数。

FC 没有自己的背景数据块，FB 有自己的背景数据块，FC 的参数必须指定实参，FB 的参数可根据需要决定是否指定实参。

6．系统功能 SFC 和系统功能块 SFB

SFC 和 SFB 是预先编好的可供用户调用的程序块，它们已经固化在 S7 PLC 的 CPU 中，其功能和参数已经确定。一台 PLC 具有哪些 SFC 和 SFB 功能，是由 CPU 型号决定的。具体信息可查阅 CPU 的相关技术手册。通常 SFC 和 SFB 提供一些系统级的功能调用，如通信功能、高速处理功能等。

注意：在调用 SFB 时，需要用户指定其背景数据块（CPU 中不包含其背景数据块），并确定将背景数据块下载到 PLC 中。

7．背景数据块和共享数据块

背景 DB 是和某个 FB 或 SFB 相关联，其内部数据的结构与其对应的 FB 或 SFB 的变量声明表一致。

共享 DB 的主要目的是为用户程序提供一个可保存的数据区，它的数据结构和大小并不依赖于特定的程序块，而是用户自己定义。

需要说明的是，背景 DB 和共享 DB 没有本质的区别，它们的数据可以被任何一个程序块读写。

图 3-6 所示为调用程序块示意图。

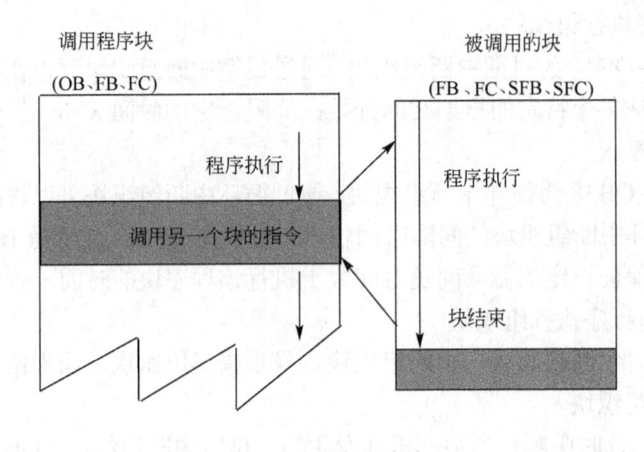

图 3-6　调用程序块

二、编程方法

STEP 7 为设计程序提供三种方法，如图 3-7 所示。基于这些方法，可以选择最适合于你的应用程序设计方法。

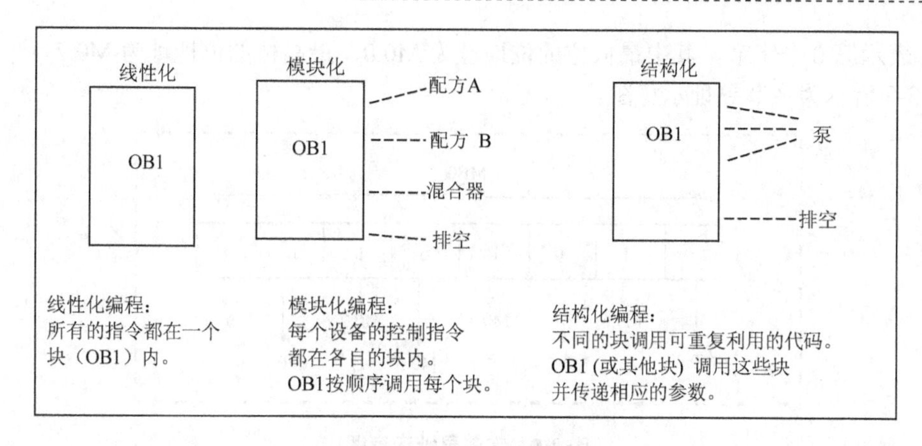

图 3-7　STEP7 的三种编程方法

三、STEP7 的程序结构和编程语言

STEP7 的程序结构可分为以下三类：线性程序结构、分块程序结构、结构化程序结构。

编程语言 （三种基本编程语言）：梯形图 LAD；语句表 STL；功能图 FBD。

数据是程序处理和控制的对象，在程序运行过程中，CPU 处理的一串二进制符号所代表的意义是由数据类型决定的，数据类型决定了数据的属性，例如数据长度、取值范围等。

STEP7 中的数据可分为以下三大类：基本数据类型；复合数据类型；参数数据类型。

基本数据类型包括位（BOOL）、字节（BYTE）、字（WORD）、双字（DOUBLE WORD）、整数（INT）、双整数（DOUBLE INT）、浮点数（REAL）。

四、S7 的系统存储区和寻址方式

S7 的系统存储区集成在 CPU 中，不能被扩展。系统存储区根据功能分为不同区域供用户使用。

S7 的寻址方式为：符号地址寻址、绝对地址寻址。

（1）系统存储区

输入过程暂存区（I），输出过程暂存区（Q），位存储区（M），外部输入输出（PI/PQ），计时器（T），计数器（C），数据块（DB），局部数据（L）。

（2）位寻址

位寻址是最小存储单元的寻址方式。寻址时，采用以下结构：

存储区关键字+字节地址+位地址

例如：Q 10.3

Q：表示输出过程暂存区。

10：表示第十个字节；字节地址从 0 开始，最大值由该存储区的大小决定。

3：表示位地址为 3，位地址的取值范围是 0～7。

（3）字节寻址

字节寻址时，访问一个 8 位的存储区域。寻址时，采用以下结构进行寻址：

存储区关键字+字节的关键字（B）+字节地址

例如：MB0

M：表示位存储区。

B：表示字节 byte。

0：表示第 0 个字节，其中最低位的位地址为 M0.0，最高位的位地址为 M0.7。

图 3-8 所示为字节寻址示意图。

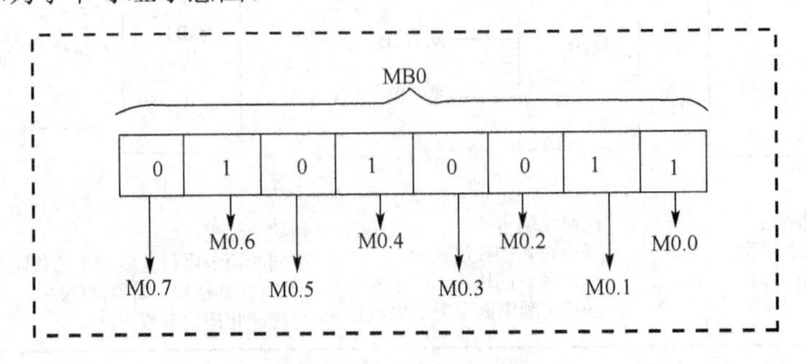

图 3-8　字节寻址示意图

（4）字寻址

字寻址时，访问一个 16 位的存储区域，包含两个字节。寻址时采用以下结构：

存储区关键字+字的关键字（W）+第一字节地址

例如：IW10

I：表示输入过程暂存区。

W：表示字 word。

10：表示从第 10 个字节开始，包括两个字节的存储空间，即 IB10 和 IB11。

图 3-9 所示为字寻址示意图。

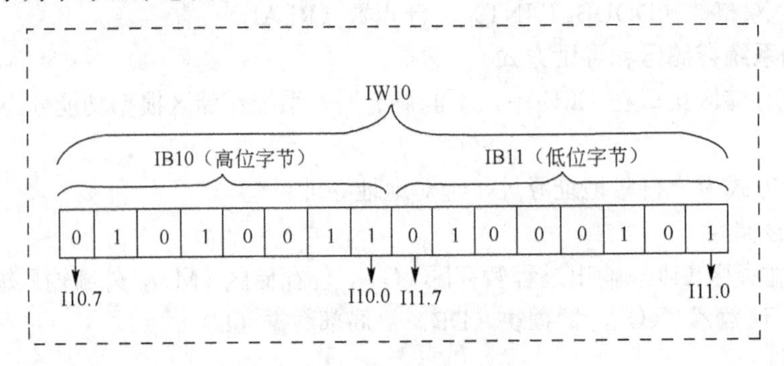

图 3-9　字寻址示意图

（5）双字寻址

双字寻址时，访问一个 32 位的存储区域，包含 4 个字节。寻址时采用以下结构：

存储区关键字+字的关键字（D）+第一字节地址

例如：LD20

L：表示局部数据暂存区。

D：表示字 word。

20：表示从第 20 个字节开始，包括 4 个字节的存储空间，包括 LB20、LB21、LB22 和 LB23 四个字节 。

图 3-10 所示为双字寻址示意图。

五、STEP7 指令系统（一）

1．1S7 系列 PLC 的 CPU 中的寄存器

包括累加器（Accumulators）、地址寻址寄存器（Address Register）、数据块寄存器（Data

Block Register）、状态字（Status Word）。

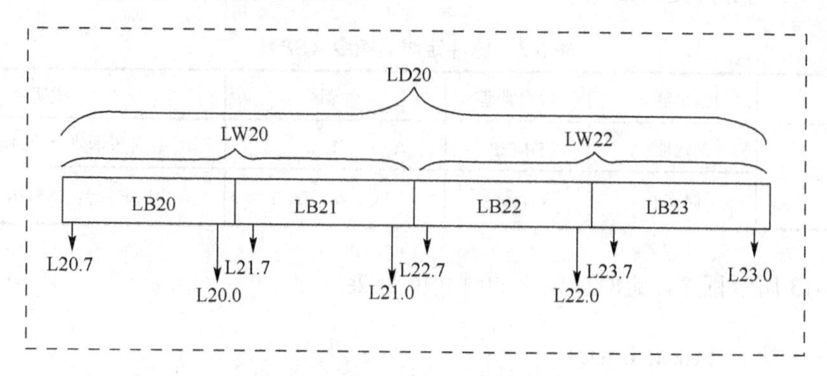

图 3-10　双字寻址示意图

状态字包括以下位：

FC：首次检查位；RLO：逻辑操作结果位；STA：状态位；OR：或位；OV：溢出位；OS：溢出存储位；CC0 和 CC1：条件码；BR：二进制结果。

2．位逻辑指令

常开接点 <地址> ─┤ ├─；

常闭接点 <地址> ─┤/├─；

输出线圈 <地址> ─( )─。

程序实例如图 3-11 所示。

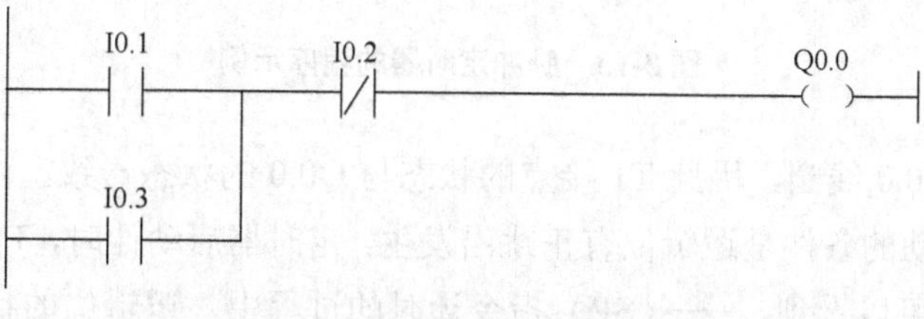

图 3-11　位逻辑指令程序实例

3．数据装入和传递（见图 3-12）

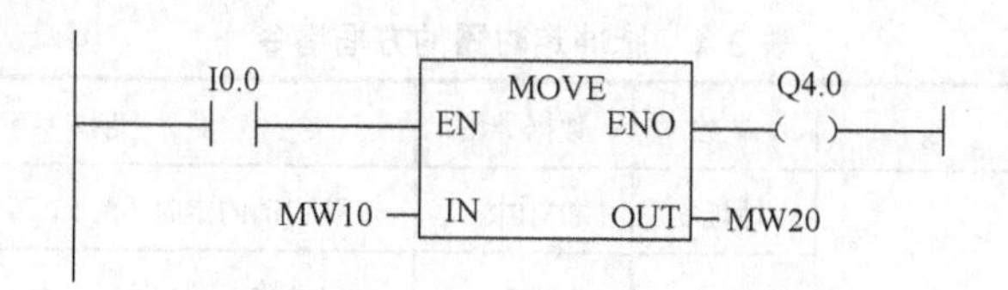

图 3-12　数据装入和传递程序实例

练习：按下 I0.0，将 3.15 送到 MD20，未按下 I0.0，将 15 送到 MD20，通过仿真软件查看。

六、STEP7 指令系统（二）

（1）脉冲定时器（SP）

表 3-3 所示为脉冲定时器指令。

表 3-3 脉冲定时器指令（SP）

LAD	参数	数据类型	存储区	说明
<地址> —(SP)— 时间值	<地址>	TIMER	T	地址表示要启动的定时器号
	时间值	S5TIME	I，Q，M，D，L	定时时间值（S5TIME 格式）

如图 3-13 所示程序，定时器定义的时间值为 2s。

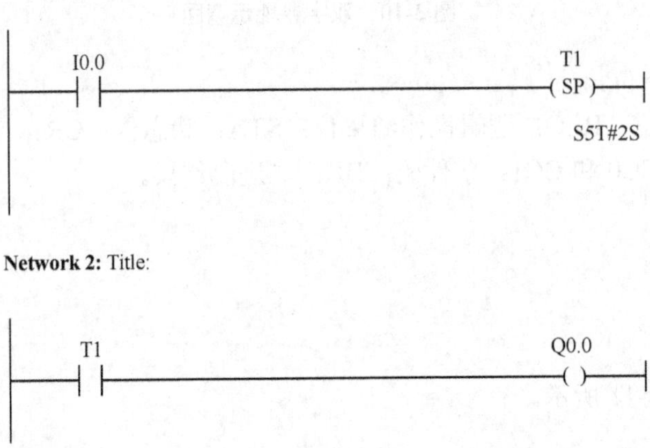

Network 1: Title:

I0.0 —| |— T1 —(SP)— S5T#2S

Network 2: Title:

T1 —| |— Q0.0 —( )—

图 3-13 脉冲定时器的程序示例

T1 接点控制 Q0.0 线圈，因此 T1 接点的状态与 Q0.0 的状态一致。由时序图可以看出，脉冲定时器每次启动的条件是逻辑位有正跳沿发生，定时器启动计时，T1 接点开始输出高电平“1”。从时序图可以看到，——(SP）指令计时的过程中，逻辑位的状态若变为“0”，则定时器停止计时，且输出为“0”。因此，脉冲定时器输出的高电平的宽度小于或等于所定义的时间值。

表 3-4 为脉冲定时器的方框指令。

表 3-4 脉冲定时器的方框指令

LAD	参数	数据类型	说　明	存储区
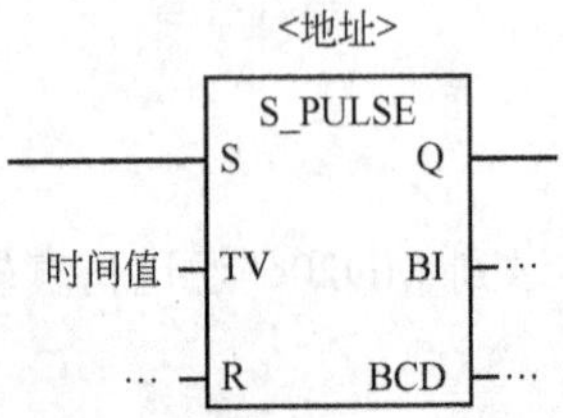 <地址> S_PULSE S　Q 时间值 — TV　BI —… … — R　BCD —…	<地址>	TIMER	要启动的定时器号如 T0	T
	S	BOOL	启动输入端	I，Q，M，D，L
	TV	S5TIME	定时时间（S5TIME 格式）	
	R	BOOL	复位输入端	
	Q	BOOL	定时器的状态	
	BI	WORD	当前时间（整数格式）	
	BCD	WORD	当前时间（BCD 码格式）	

（2）扩展脉冲定时器（SE）

扩展脉冲定时器指令如表 3-5 所示。

表 3-5　扩展脉冲定时器指令（SE）

LAD	参数	数据类型	存储区	说明
<地址> —(SE)— 时间值	<地址>	TIMER	T	地址表示要启动的定时器号
	时间值	S5TIME	I，Q，M，D，L	定时时间值（S5TIME 格式）

图 3-14 所示为扩展脉冲定时器程序示例。一旦逻辑位（即 I0.0 的状态）有正跳沿发生，定时器 T0 启动，同时输出高电平“1”。定时时间到后，输出将自动变成低电平“0”。如果定时时间尚未到达，逻辑位的状态就由“1”变为“0”，这时定时器仍然继续运行，直到定时完成。这一点是—(SE）指令与—(SP）指令的不同之处。

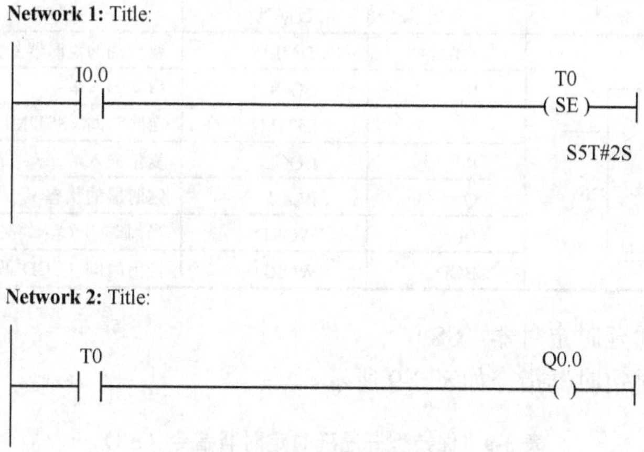

Network 1: Title:

I0.0　　T0　—(SE)—　S5T#2S

Network 2: Title:

T0　　Q0.0　—( )—

图 3-14　扩展脉冲定时器程序示例

表 3-6 所示为扩展脉冲定时器的方框指令。

表 3-6　扩展脉冲定时器的方框指令

LAD	参数	数据类型	说明	存储区
<地址> S_PEXT S　Q 时间值 TV　BI … … R　BCD …	<地址>	TIMER	要启动的定时器号如 T0	T
	S	BOOL	启动输入端	I，Q，M，D，L
	TV	S5TIME	定时时间（S5TIME 格式）	
	R	BOOL	复位输入端	
	Q	BOOL	定时器的状态	
	BI	WORD	当前时间（整数格式）	
	BCD	WORD	当前时间（BCD 码格式）	

（3）开通延时定时器（SD）（见表 3-7、图 3-15、表 3-8）

表 3-7　开通延时定时器指令（SD）

LAD	参数	数据类型	存储区	说明
<地址> —(SD)— 时间值	<地址>	TIMER	T	地址表示要启动的定时器号
	时间值	S5TIME	I，Q，M，D，L	定时时间值（S5TIME 格式）

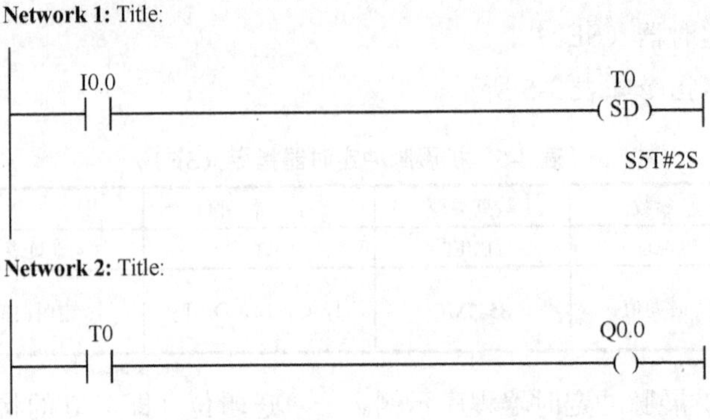

Network 1: Title:

I0.0 —| |— T0 (SD) S5T#2S

Network 2: Title:

T0 —| |— Q0.0 ( )

图 3-15 开通延时型定时器程序示例

表 3-8 SD 对应的方框指令

LAD	参数	数据类型	说明	存储区
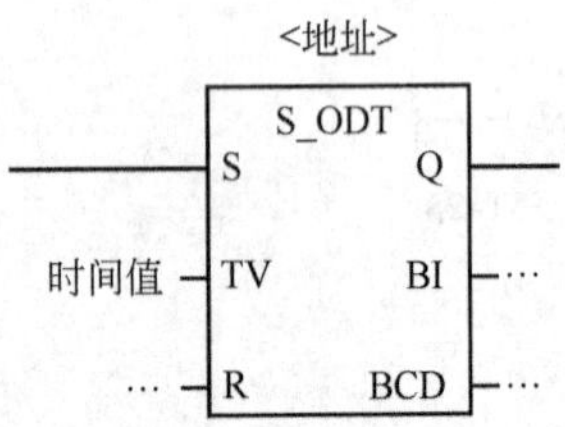 <地址> S_ODT	<地址>	TIMER	要启动的定时器号如 T0	T
S Q	S	BOOL	启动输入端	I，Q，M，D，L
时间值 TV BI …	TV	S5TIME	定时时间（S5TIME 格式）	
… R BCD …	R	BOOL	复位输入端	
	Q	BOOL	定时器的状态	
	BI	WORD	当前时间（整数格式）	
	BCD	WORD	当前时间（BCD 码格式）	

（4）保持型开通延时定时器（SS）

保持型开通延时定时器指令如表 3-9 所示。

表 3-9 保持型开通延时定时器指令（SS）

LAD	参数	数据类型	存 储 区	说 明
<地址> —(SS)— 时间值	<地址>	TIMER	T	地址表示要启动的定时器号
	时间值	S5TIME	I，Q，M，D，L	定时时间值（S5TIME 格式）

保持型开通延时定时器的应用方法如图 3-16 所示。

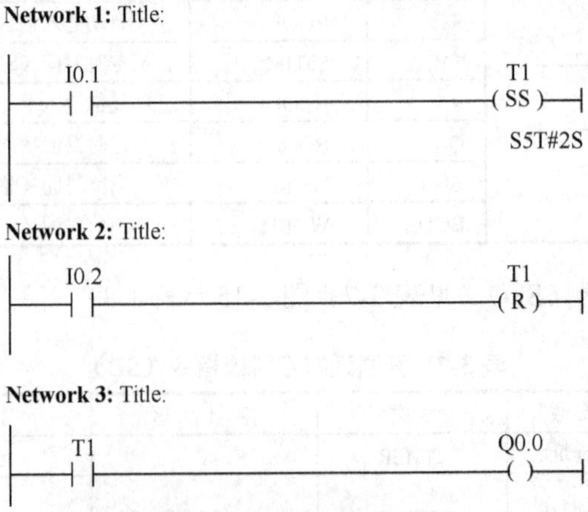

Network 1: Title:

I0.1 —| |— T1 (SS) S5T#2S

Network 2: Title:

I0.2 —| |— T1 (R)

Network 3: Title:

T1 —| |— Q0.0 ( )

图 3-16 保持型开通延时定时器程序示例

保持型开通延时定时器的方框指令如表 3-10 所示。

表 3-10　保持型开通延时定时器的方框指令

LAD	参数	数据类型	说　明	存储区
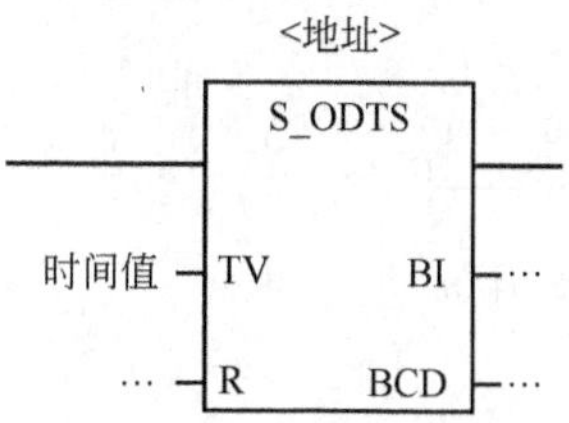 <地址> S_ODTS 时间值 TV　BI … … R　BCD …	<地址>	TIMER	要启动的定时器号如 T0	T
	S	BOOL	启动输入端	I，Q，M，D，L
	TV	S5TIME	定时时间（S5TIME 格式）	
	R	BOOL	复位输入端	
	Q	BOOL	定时器的状态	
	BI	WORD	当前时间（整数格式）	
	BCD	WORD	当前时间（BCD 码格式）	

（5）关断延时定时器（SF）

关断延时定时器——（SF）相当于继电器控制系统中的断电延时时间继电器，也是定时器指令中唯一的一个由下降沿启动的定时器指令。

表 3-11 所示为关断延时定时器指令。

表 3-11　关断延时定时器指令（SF）

LAD	参数	数据类型	存　储　区	说　明
<地址> —(SF)— 时间值	<地址>	TIMER	T	地址表示要启动的定时器号
	时间值	S5TIME	I，Q，M，D，L	定时时间值（S5TIME 格式）

关断延时定时器的应用如图 3-17 所示。

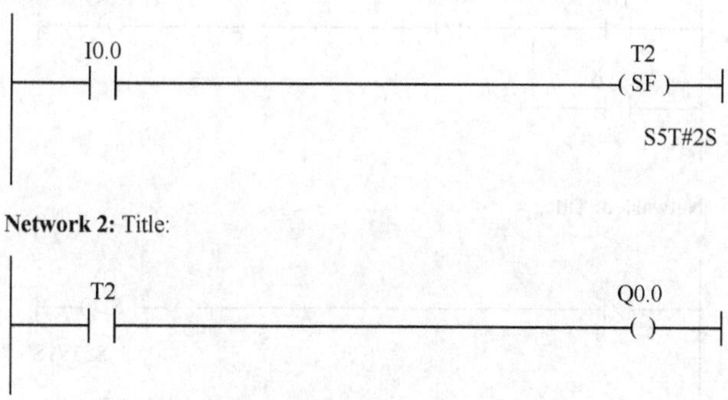

Network 1: Title:

I0.0　T2 (SF)　S5T#2S

Network 2: Title:

T2　Q0.0 ( )

图 3-17　关断延时定时器程序

表 3-12 所示为关断延时定时器的方框指令。

表 3-12　关断延时定时器的方框指令

LAD	参数	数据类型	说　明	存储区
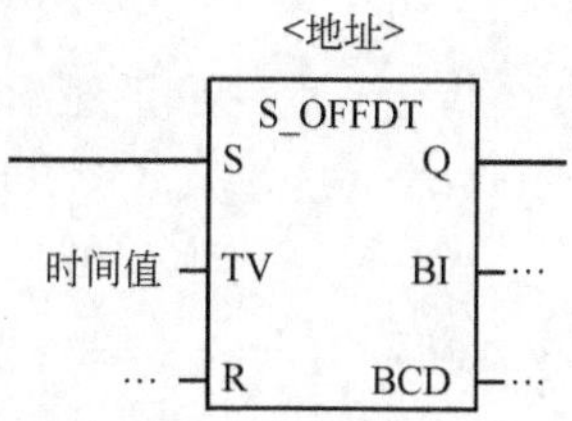 <地址> S_OFFDT S　Q 时间值 TV　BI … … R　BCD …	<地址>	TIMER	要启动的定时器号如 T0	T
	S	BOOL	启动输入端	I，Q，M，D，L
	TV	S5TIME	定时时间 （S5TIME 格式）	
	R	BOOL	复位输入端	
	Q	BOOL	定时器的状态	
	BI	WORD	当前时间（整数格式）	
	BCD	WORD	当前时间（BCD 码格式）	

使用——(SP）或——(SE）指令构成脉冲发生器：使用脉冲定时器如图3-18所示的程序可产生周期性变化的脉冲信号。

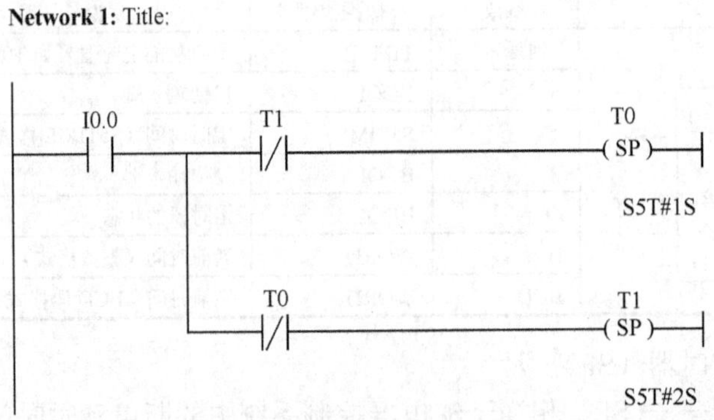

Network 1: Title:

I0.0 T1 T0 (SP) S5T#1S

T0 T1 (SP) S5T#2S

图3-18 周期性变化程序实例

使用——(SD）指令还可以用二分频电路产生一个方波，程序如图3-19所示。

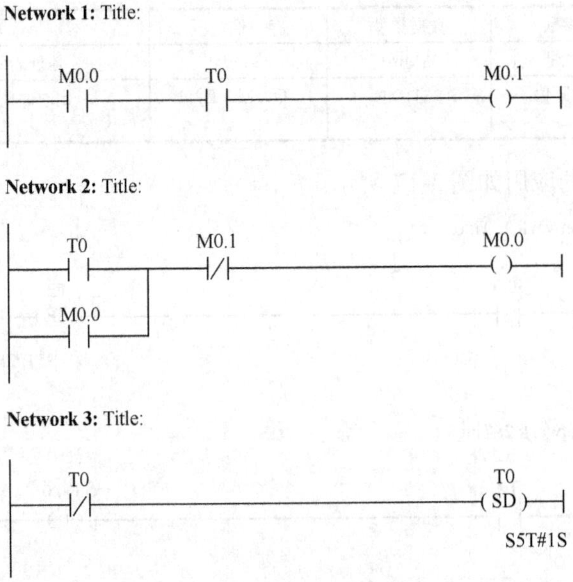

Network 1: Title:

M0.0 T0 M0.1 ( )

Network 2: Title:

T0 M0.1 M0.0 ( )

M0.0

Network 3: Title:

T0 T0 (SD) S5T#1S

图3-19 二分频电路程序

七、STEP7中的S5计数器

1．计数器的使用

计数器使用注意事项：

① 计数脉冲从何而来，即计数器的启动问题；

② 在开始动作之前，需要计多少个数，即赋值问题；

③ 如何复位计数器；

④ 如何实现现场监控当前计数值。

计数器指令如图3-20所示。

2．计数器位指令（见图3-21）

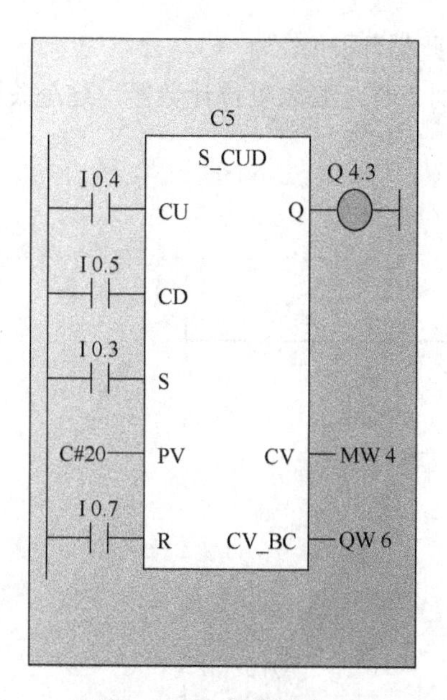

图 3-20　计数器指令

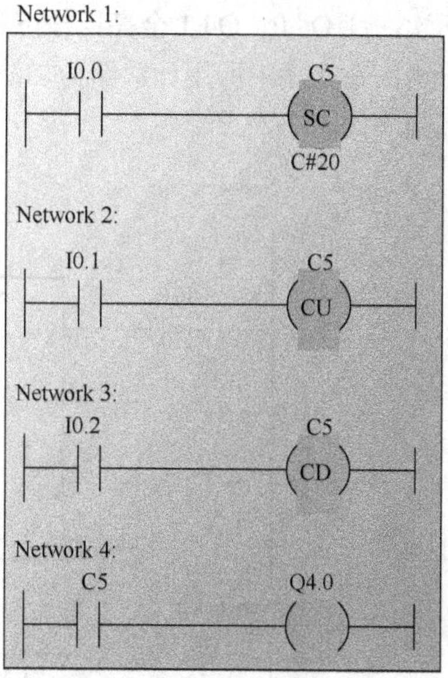

图 3-21　计数器位指令

3．比较指令

比较指令

注意：两个比较数的数据类型必须一致。

（1）整数比较指令的使用

指令方框如图 3-22 所示。

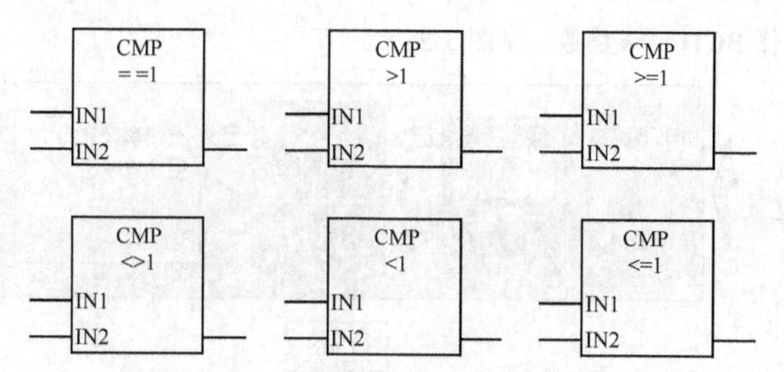

图 3-22　几种比较指令示意图

（2）双整数和浮点数比较指令的使用（见图 3-23）

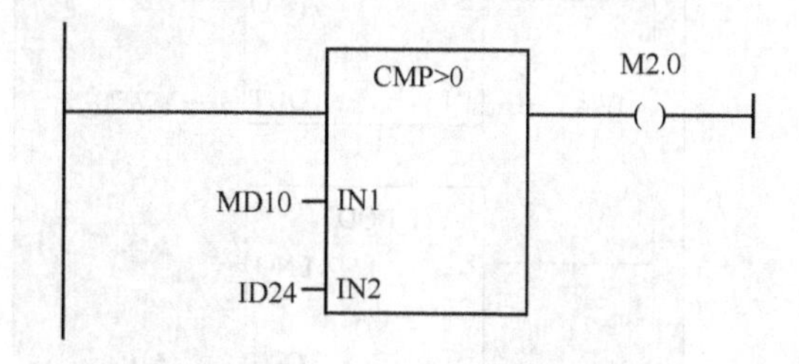

图 3-23　比较指令的使用

例如，用比较和计数指令编写开关灯程序，要求灯控按钮 I0.0 按下一次，灯 Q4.0 亮，按下两次，灯 Q4.0、Q4.1 全亮，按下三次灯全灭，如此循环。

分析：在程序中所用计数器为加法计数器，当加到 2 时，必须复位计数器，这是关键。灯控制程序如图 3-24 所示。

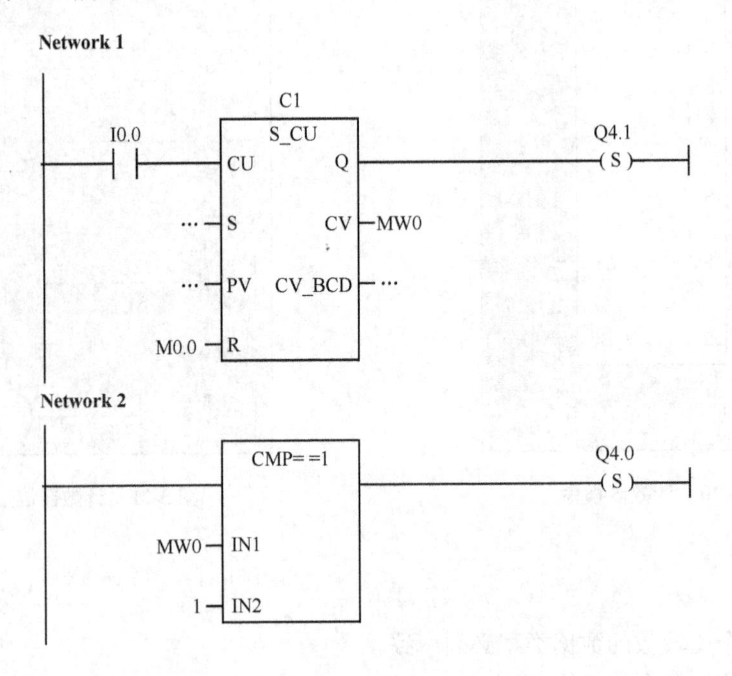

图 3-24　开关灯控制程序

八、转换操作 BCD ⟷ 整数（见图 3-25）

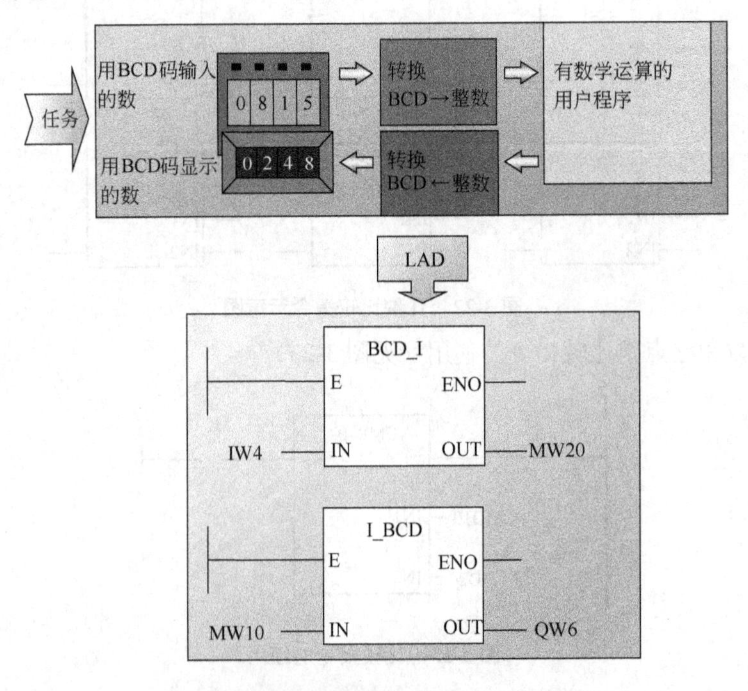

图 3-25　转换操作 BCD⟷整数工作原理

九、转换指令 I→DI→REAL（见图 3-26）

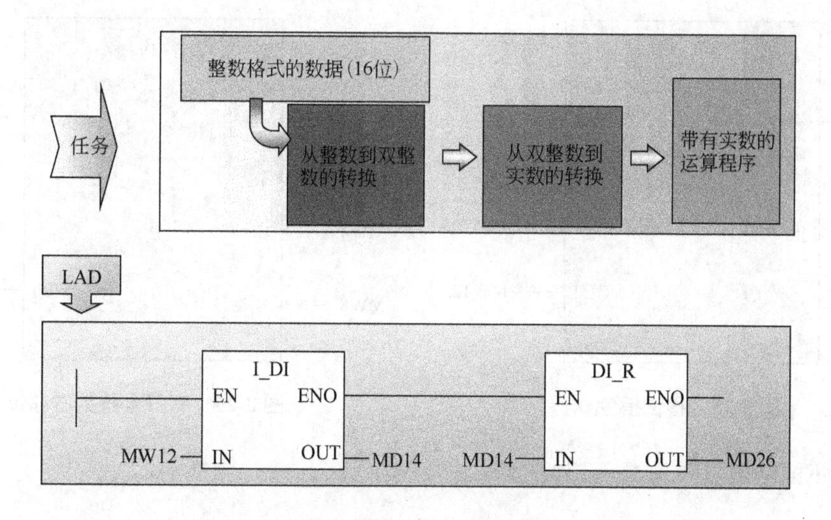

图 3-26　转换指令 I→DI→REAL 工作原理

十、基本数学功能（见图 3-27）

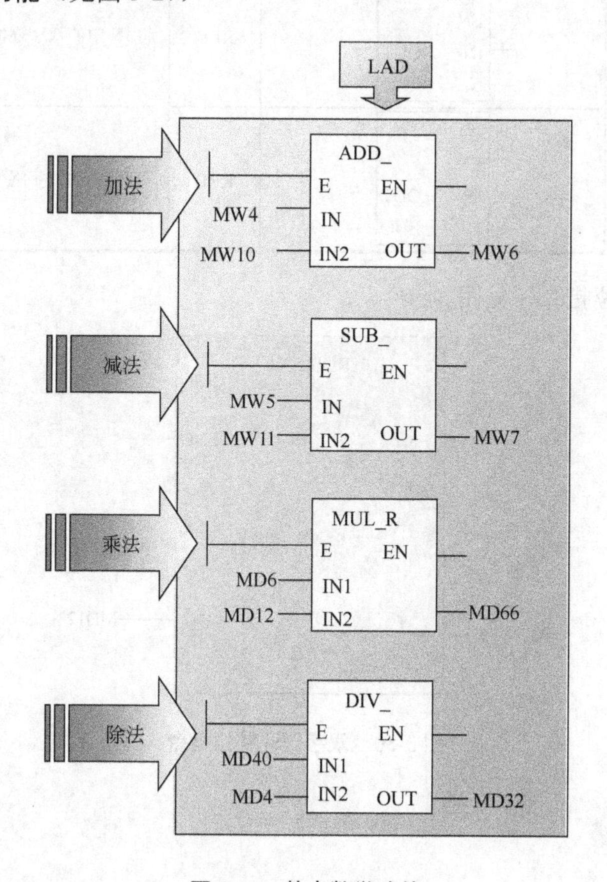

图 3-27　基本数学功能

十一、移位指令（字/双字）（见图 3-28）。

1．有符号整数右移位（见图 3-29）

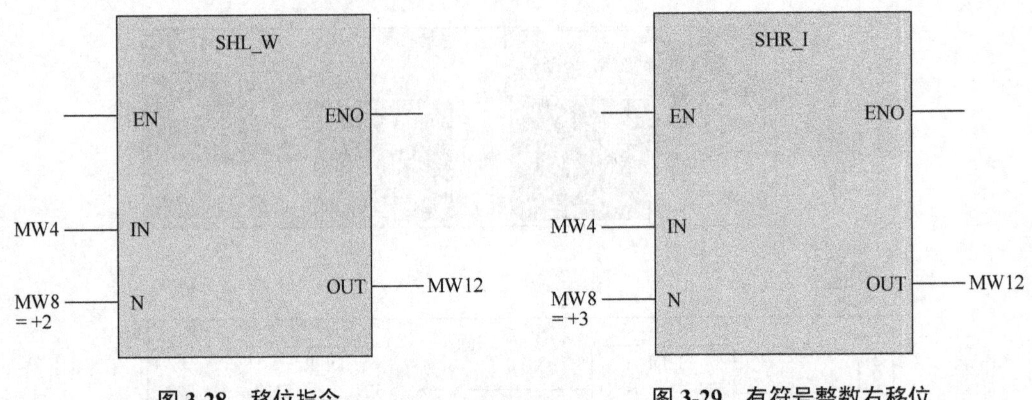

图 3-28 移位指令　　图 3-29 有符号整数右移位

2．循环移位指令（见表 3-13）

表 3-13 循环移位指令

梯形图	功能块图	语句表	说　明
ROL_DW EN ENO IN OUT N	ROL_DW EN IN OUT N ENO	RLD	将 IN 中的双字逐位左移，空出位填以移出位
ROR_DW EN ENO IN OUT N	ROR_DW EN IN OUT N ENO	RRD	将 IN 中的双字逐位右移，空出位填以移出位

3．双字循环移位指令（见图 3-30）

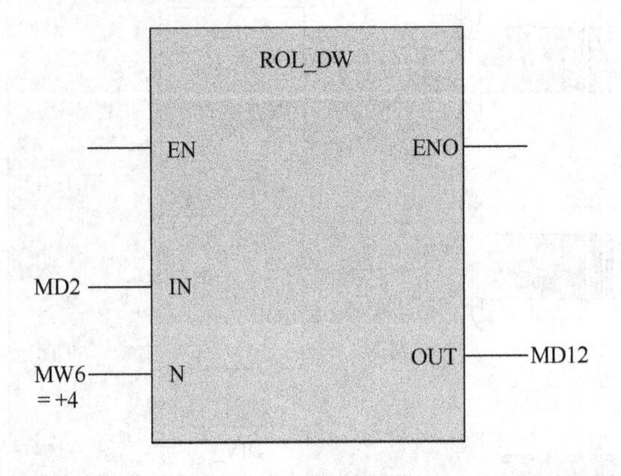

图 3-30 双字循环移位指令

【任务实施】

① 掌握交通信号灯的工作原理。

② 熟悉西门子 S7-300PLC 编程软件的使用方法和程序输入、下载和调试方法。

③ 掌握 S7-300PLC 定时器的使用方法。

④ 程序设计。

设计提示：可先采用 SE 指令，产生周期为 23s，占空比为 11∶12 的矩形波，再将其分割成所需要的矩形波。

（1）创建 S7 项目

使用菜单【File】→【“New Project” Wizard】创建交通信号灯控制系统的 S7 项目，并命名为“有静参 FB”。项目包含组织块 OB1 和 OB100。

（2）硬件配置

在“有静参 FB”项目内打开“SIMATIC 300 Station”文件夹，打开硬件配置窗口，并按图 3-31 所示完成硬件配置。

Slot	Module	Order number	Fi...	MPI address	I address	Q address	Comment
1	PS 307 5A	6ES7 307-1EA00-0AA0					
2	CPU315(1)	6ES7 315-1AF03-0AB0		2			
3							
4	DI32xDC24V	6ES7 321-1BL80-0AA0			0...3		
5	DO32xDC24V/0.5A	6ES7 322-1BL00-0AA0				4...7	
6							

图 3-31　硬件的组态

（3）编写符号表（见图 3-32）

序号	Statu	Symbol	Address		Data typ		Comment
1		Complete Restart	OB	100	OB	100	全启动组织块
2		Cycle Execution	OB	1	OB	1	主循环组织块
3		EW_G	Q	4.1	BOOL		东西向绿色信号灯
4		EW_R	Q	4.0	BOOL		东西向红色信号灯
5		EW_Y	Q	4.2	BOOL		东西向黄色信号灯
6		F_1Hz	M	10.5	BOOL		1Hz时钟信号
7		MB10	MB	10	BYTE		CPU时钟存储器
8		SF	M	0.0	BOOL		系统启动标志
9		SN_G	Q	4.4	BOOL		南北向绿色信号灯
10		SN_R	Q	4.3	BOOL		南北向红色信号灯
11		SN_Y	Q	4.5	BOOL		南北向黄色信号灯
12		Start	I	0.0	BOOL		启动按钮
13		Stop	I	0.1	BOOL		停止按钮
14		T_EW_G	T	1	TIMER		东西向绿灯常亮延时定时器
15		T_EW_GF	T	6	TIMER		东西向绿灯闪亮延时定时器
16		T_EW_R	T	0	TIMER		东西向红灯常亮延时定时器
17		T_EW_Y	T	2	TIMER		东西向黄灯常亮延时定时器
18		T_SN-GF	T	7	TIMER		南北向绿灯闪亮延时定时器
19		T_SN_G	T	4	TIMER		南北向绿灯常亮延时定时器
20		T_SN_R	T	3	TIMER		南北向红灯常亮延时定时器
21		T_SN_Y	T	5	TIMER		南北向黄灯常亮延时定时器
22		东西数据	DB	1	FB	1	为东西向红灯及南北向绿黄灯控制提供实参
23		红绿灯	FB	1	FB	1	红绿灯控制无静态参数的FB
24		南北数据	DB	2	FB	1	为南北向红灯及东西向绿黄灯控制提供实参

图 3-32　交通红绿灯变量声明表

（4）编辑功能块（FB）

表 3-14 所示为定义局部变量声明表。

表 3-14　定义局部变量声明表

接口类型	变量名	数据类型	地址	初始值	扩展地址	结束地址	注　释
In	R_ON	BOOL	0.0	FALSE	-	-	当前方向红灯开始亮标志
	T_R	Timer	2.0	-	-	-	当前方向红色信号灯常亮定时器
	T_G	Timer	4.0	-	-	-	另一方向绿色信号灯常亮定时器
	T_Y	Timer	6.0	-	-	-	另一方向黄色信号灯常亮定时器

续表

接口类型	变量名	数据类型	地址	初始值	扩展地址	结束地址	注　释
In	T_GF	Timer	8.0	-	-	-	另一方向绿色信号灯闪亮定时器
	T_RW	S5Time	10.0	S5T#0MS	-	-	T_R 定时器的初始值
	T_GW	S5Time	12.0	S5T#0MS	-	-	T_G 定时器的初始值
	STOP	BOOL	14.0	S5T#0MS	-	-	停止信号
Out	LED_R	BOOL	10.0	FALSE	-	-	当前方向红色信号灯
	LED_G	BOOL	10.1	FALSE	-	-	另一方向绿色信号灯
	LED_Y	BOOL	10.2	FALSE	-	-	另一方向黄色信号灯
STAT	T_GF_W	S5Time	18.0	S5T#3S	-	-	绿灯闪亮定时器初值
	T_Y_W	S5Time	20.0	S5T#2S	-	-	黄灯常亮定时器初值

图 3-33 所示为交通红绿灯程序。

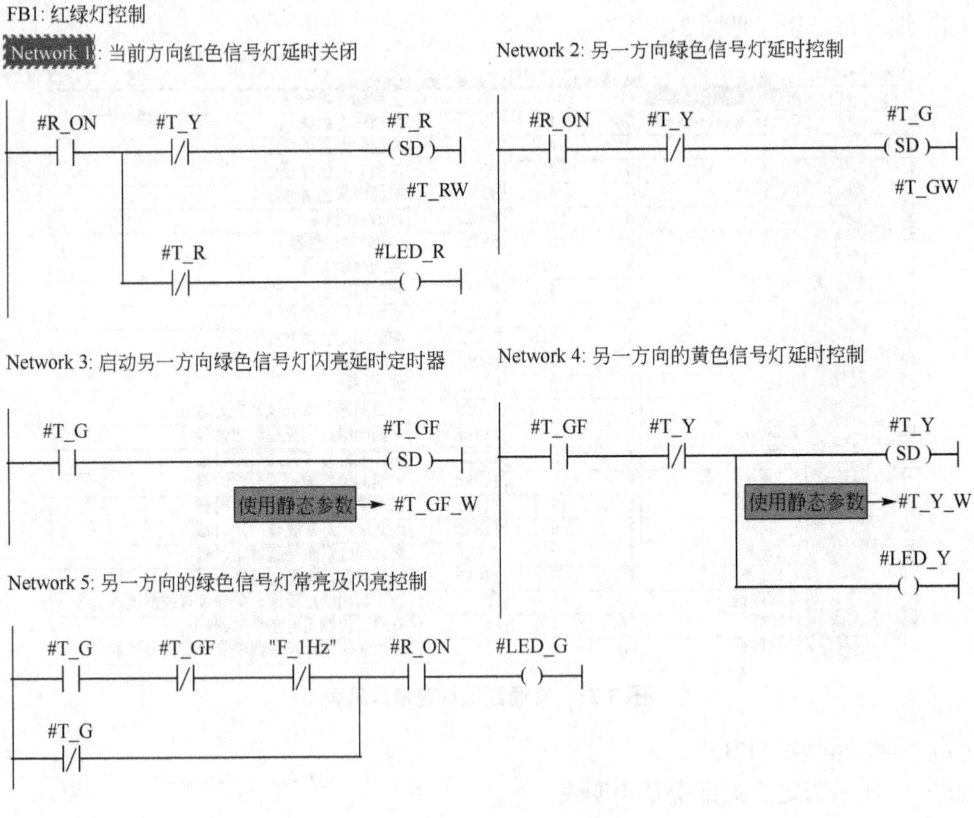

FB1: 红绿灯控制

Network 1: 当前方向红色信号灯延时关闭

#R_ON　#T_Y　#T_R (SD)　#T_RW

#T_R　#LED_R ( )

Network 2: 另一方向绿色信号灯延时控制

#R_ON　#T_Y　#T_G (SD)　#T_GW

Network 3: 启动另一方向绿色信号灯闪亮延时定时器

#T_G　#T_GF (SD)　使用静态参数 → #T_GF_W

Network 4: 另一方向的黄色信号灯延时控制

#T_GF　#T_Y　#T_Y (SD)　使用静态参数 → #T_Y_W

#LED_Y ( )

Network 5: 另一方向的绿色信号灯常亮及闪亮控制

#T_G　#T_GF　"F_1Hz"　#R_ON　#LED_G ( )

#T_G

图 3-33　交通红绿灯程序

（5）建立背景数据块（DB）

由于在创建 DB1 和 DB2 之前，已经完成了 FB1 的变量声明，建立了相应的数据结构，所以在创建与 FB1 相关联的 DB1 和 DB2 时，STEP 7 自动完成了数据块的数据结构。

图 3-34 所示为背景数据的建立。

DB2 -- 有静参FB\SIMATIC 300 Station\CPU315(1)

	Address	Declaration	Name	Type	Initial value	Actual value	Comment
1	0.0	in	R_ON	BOOL	FALSE	FALSE	当前方向红灯开始亮标志
2	2.0	in	T_R	TIMER	T 0	T 0	当前方向红色信号灯常亮定时器
3	4.0	in	T_G	TIMER	T 0	T 0	另一方向绿色信号灯常亮定时器
4	6.0	in	T_Y	TIMER	T 0	T 0	另一方向黄色信号灯常亮定时器
5	8.0	in	T_GF	TIMER	T 0	T 0	另一方向绿色信号灯闪亮定时器
6	10.0	in	T_RW	S5TIME	S5T#0MS	S5T#0MS	T_R定时器的初始值
7	12.0	in	T_GW	S5TIME	S5T#0MS	S5T#0MS	T_G定时器的初始值
8	14.0	in	STOP	BOOL	FALSE	FALSE	停止按钮
9	16.0	out	LED_R	BOOL	FALSE	FALSE	当前方向红色信号灯
10	16.1	out	LED_G	BOOL	FALSE	FALSE	另一方向绿色信号灯
11	16.2	out	LED_Y	BOOL	FALSE	FALSE	另一方向黄色信号灯
12	18.0	stat	T_GF_W	S5TIME	S5T#3S	S5T#3S	绿灯闪亮定时器初值
13	20.0	stat	T_Y_W	S5TIME	S5T#2S	S5T#2S	黄灯常量定时器初值

图 3-34　背景数据的建立

（6）编辑启动组织块 OB100（见图 3-35）

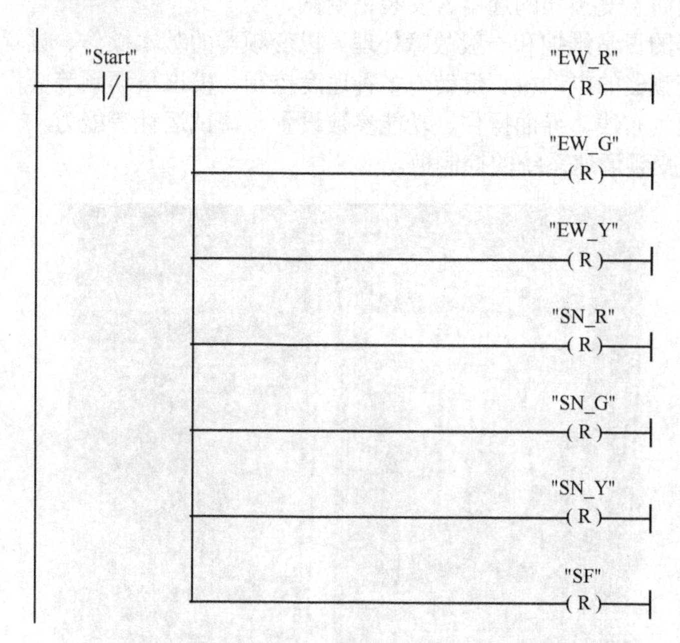

图 3-35　编写启动数据块 OB100

（7）在 OB1 中调用有静态参数的功能块（FB）

学习情境四

变频调速控制系统的安装和调试

【情境描述】

近年来，随着电力电子、微电子和计算机等技术的发展，目前，在调速传动领域交流电动机已有取代直流电动机的趋势。其中，变频调速以其优异的调速和启制动性能，高效率、宽范围、高精度和节能等特点，被国内外公认为最有发展前途的调速方式。本情境中，以西门子变频器为例，通过对变频器的选用、安装、调试及维护等任务的训练，使学生对变频器和调速系统有初步的认识。了解通用变频器的基本结构、功能及其行业应用，理解其工作原理。了解常用电力电子器件方面的有关知识，能通过查询有关使用手册选择和使用有关电力电子器件。熟悉西门子变频器的选用、安装、调试。

能进行变频器的日常维护和一般故障处理。以变频器的基本操作、设置及运行为载体，指导学生熟练对变频器的电动机正反转、多种速度控制、模拟量调频等操作，训练学生的变频器硬件安装、电气布线、界面操作、功能参数设置、调试运行等能力。

图 4-1 所示为变频调速系统的控制柜。

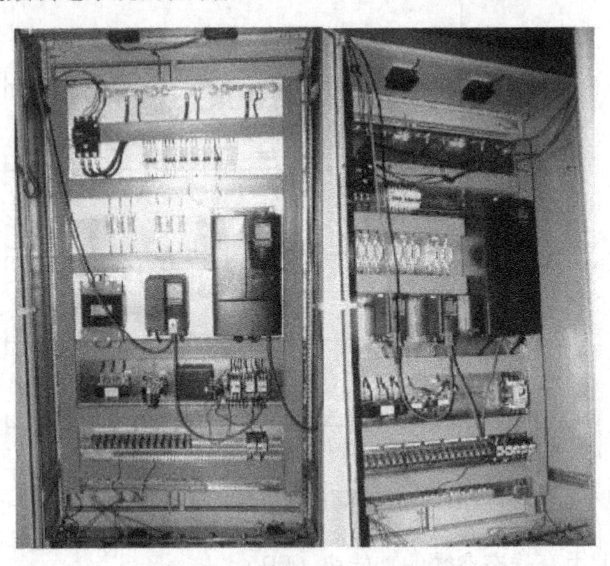

图 4-1　变频调速系统的控制柜

任务一　三相电机的变频调速控制

【任务描述】

变频器 MM440 系列（MicroMaster440）是德国西门子公司生产广泛应用于工业场合的

多功能标准变频器。它采用高性能的矢量控制技术，提供低速高转矩输出和良好的动态特性，同时具备超强的过载能力，以满足广泛的应用场合。本次任务是三相电机的变频调速控制，因此，必须首先熟悉变频器的基本操作，以及根据任务实际要求，对变频器的各种功能参数进行设置。

【知识链接】

一、变频调速系统电气图

图 4-2 所示为变频调速系统电气图。

二、变频器操作面板构成、按键功能

MM440 变频器具有默认的工厂设置参数，具有全面而完善的控制功能。如果工厂的缺省设置值不适合实际设备情况，可以利用基本操作面板（BOP）修改参数，使之匹配起来。

基本操作面板如图 4-3 所示。BOP 具有五位数字的七段显示，可以显示参数的序号和数值、报警和故障信息，以及设定值和实际值。BOP 不能存储参数的信息。

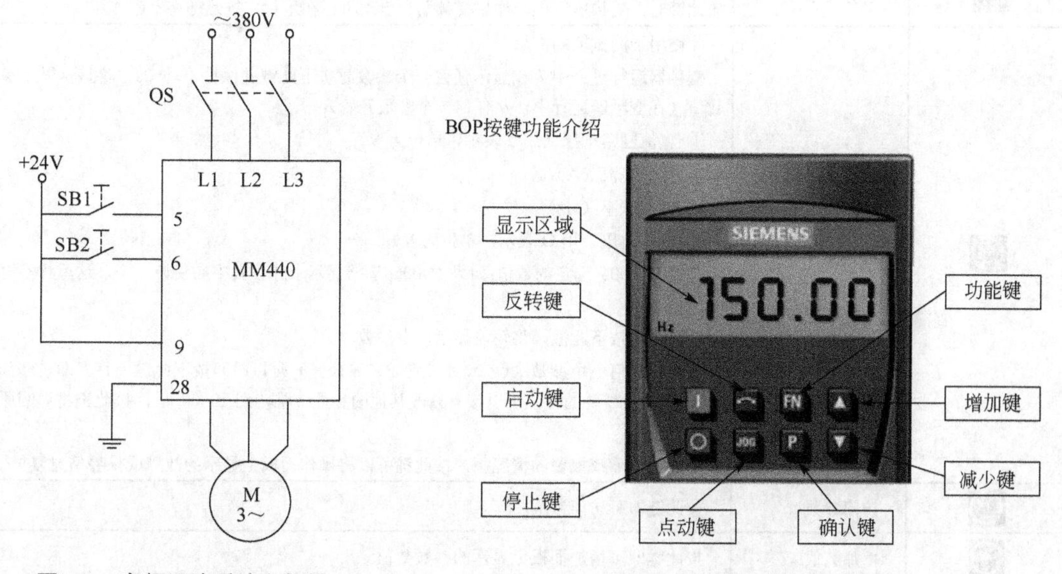

图 4-2　变频调速系统电气图　　　图 4-3　变频器基本操作面板

表 4-1 表示采用基本操作面板操作时，变频器的工厂缺省设置值。

表 4-1　用 BOP 操作时的缺省设置值

参数	说　明	缺省值，欧洲（或北美）地区
P0100	运行方式，欧洲/北美	50 Hz，kW（60Hz，hp）
P0307	功率（电动机额定值）	量纲 kW（hp），取决于 P0100 的设定值
P0310	电动机的额定频率	50 Hz（60 Hz）
P0311	电动机的额定速度	1395（1680）r/min(决定于变量)
P1082	最大电动机频率	50 Hz（60 Hz）

在缺省设置时，用 BOP 控制电动机的功能是被禁止的。如果要用 BOP 进行控制，参数 P0700 应设置为 1，参数 P1000 也应设置为 1。变频器加上电源时，也可以把 BOP 装到变频器上，或从变频器上将 BOP 拆卸下来。如果 BOP 已经设置为 I/O 控制（P0700=1），在拆卸 BOP 时，变频器驱动装置将自动停车。基本操作面板上的按键及其功能说明如表 4-2 所示。

用基本操作面板可以修改任何一个参数。修改参数的数值时，BOP 有时会显示“busy”，表明变频器正忙于处理优先级更高的任务。

表 4-2　BOP 的按键及其功能说明

显示、按钮	功　能	功能的说明
r0000	状态显示	LCD 显示变频器当前的设定值
I	启动电动机	按此键启动变频器。缺省值运行时此键是被封锁的。为了使此键的操作有效，应设定 P0700 = 1
O	停止电动机	OFF1：按此键，变频器将按选定的斜坡下降速率减速停车；缺省值运行时此键被封锁；为了允许此键操作，应设定 P0700 = 1。 OFF2：按此键两次（或一次，但时间较长）电动机将在惯性作用下自由停车。 此功能总是“使能”的
	改变电动机的转动方向	按此键可以改变电动机的转动方向。电动机的反向用负号“－”表示或用闪烁的小数点表示。缺省值运行时此键是被封锁的，为了使此键的操作有效，应设定 P0700 = 1
jog	电动机点动	在变频器无输出的情况下按此键，将使电动机启动，并按预设定的点动频率运行。释放此键时，变频器停车。如果变频器和电动机正在运行，按此键将不起作用
Fn	功能	此键用于浏览辅助信息。 变频器运行过程中，在显示任何一个参数时按下此键并保持不动 2s，将显示以下参数值（在变频器运行中，从任何一个参数开始）： ① 直流回路电压（用 d 表示，单位为 V）； ② 输出电流（A）； ③ 输出频率（Hz）； ④ 输出电压（用 O 表示，单位为 V）； ⑤ 由 P0005 选定的数值[如果 P0005 选择显示上述参数中的任何一个，这里将不再显示]。 连续多次按下此键，将轮流显示以上参数。 在显示任何一个参数（r××××或 P××××）时短时间按下此键，将立即跳转到 r0000，如果需要的话，可以接着修改其他的参数。跳转到 r0000 后，按此键将返回原来的显示点。 在出现故障或报警的情况下，按此键可以将操作面板上显示的故障或报警信息复位
P	访问参数	按此键即可访问参数
	增加数值	按此键即可增加面板上显示的参数数值
	减少数值	按此键即可减少面板上显示的参数数值

三、三相异步电动机的正反转、点动和调速方法

正反转：通过改变通入三相异步电动机的电流相序，即可改变电动机转向，实现方法上有对调三相电源线路其中的任意两根，或者通过变频器直接改变三相电源的相序。

点动：一般在低速情况下进行点动，短时接通电动机电源即可实现，可利用闸刀、按钮、继电器触点实现点动。如图 4-4 所示继电控制点动电路。

四、三相异步电动机的调速方法

三相异步电动机的电气调速方法可分为改变理想空载转速和改变转差率两大类。改变转差率调速包括调压调速、转子串电阻调速、电磁差离合器调速；改变理想空载转速调速包括变极调速、变频调速和串级调速。其中应用日益广泛的变频调速是通过改变连接到电动机的电源频率从而改变电动机的空载转速来实现调速的一种方法。它调速范围大，稳定性好，既可实现恒转矩调速，又可实现恒功率调速，属无级调速。由于半导体技术的飞速发展，变频

调速技术不断成熟，已被广泛应用到社会生产中的各个领域，成为三相异步电动机电气调速主要实现方法之一。

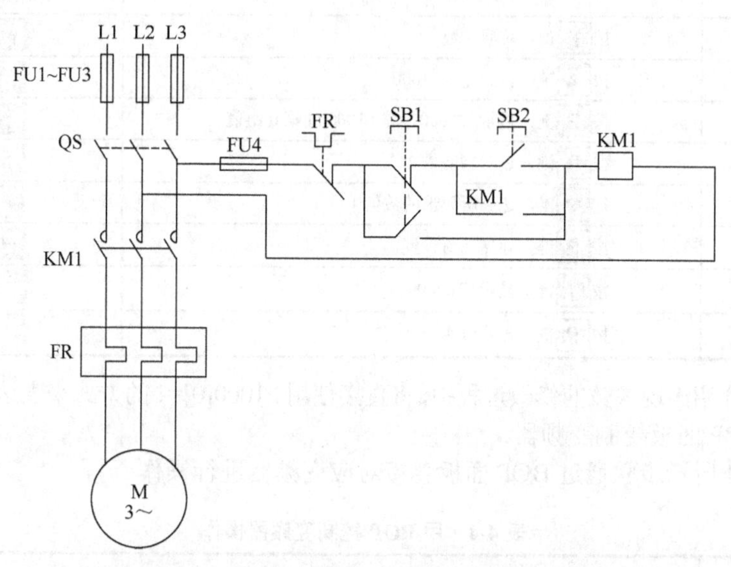

图 4-4　三相电动机点动启动电气原理图

五、变频器基本功能和参数

变频器的主要任务就是把恒压频（Constant Voltage Constant Frequency，CVCF）的交流电转换为变压变频（Variable Voltage Variable Frequency，VVVF）的交流电，以满足交流电电机变频调速的需要，主要功能有控制功能（软启动、软制动、程序控制正反转、点动、调频调速、闭环控制、矢量控制等）、保护功能（过载、过压、欠压、短路、过热、缺相）、节能等。

变频器的参数只能用基本操作面板、高级操作板或者通过串行通信口进行修改。用基本操作面板可以修改和设定系统参数，使变频器具有期望的功能，例如斜坡时间、最小频率和最大频率等。选择的参数号和设定的参数值在五位数字的 LCD 上显示：

r××××表示一个用于显示的只读参数；

P××××表示一个设定参数（可修改的参数）。

如 P0010 表示启动“快速调试”。如果 P0010 被访问以后没有设定为 0，变频器将不能运行。如果 P3900>0，这一功能是自动完成的。

P0004 的作用是过滤参数，据此可以按照功能去访问不同的参数。

变频器的参数有三个用户访问级，即标准访问级、扩展访问级和专家访问级。访问的级别由参数 P0003 来选择。对于大多数用户来说，只要访问标准级和扩展级参数就足够了。

第四访问级的参数只是用于内部的系统设置，因而是不能修改的。第四访问级参数只有得到授权的人员才能修改。

六、变频器基本操作

1．变频器的面板操作

（1）BOP 修改参数

下面通过将参数 P1000 的第 0 组参数，即设置 P1000[0]=1 的过程为例（见表 4-3），介绍一下通过操作 BOP 面板修改一个参数的流程：

表 4-3 用 BOP 修改参数操作

	操作步骤	BOP显示结果
1	按 P 键，访问参数	r0000
2	按 ▲ 键，直到显示P1000	P1000
3	按 P 键，显示 in000，即 P1000 的第 0 组值	in000
4	按 P 键，显示当前值 2	2
5	按 ▼ 键，达到所要求的数值 1	1
6	按 P 键，存储当前设置	P1000
7	按 FN 键，显示 r0000	r0000
8	按 P 键，显示频率	50.00

在下面的介绍出现参数的修改过程中，将直接使用P1000[0]=1 的方式来表达这一设置过程。

（2）用 BOP 面板控制变频器

按照表 4-4 所示步骤通过 BOP 面板直接对应变频器进行操作。

表 4-4 用 BOP 控制变频器操作

操作步骤	设置参数	功能解释
1	P0700	=1启停命令源于面板
2	P1000	=1频率设定源于面板
3	5.00	返回监视状态
4	I	启动变频器
5	▲ ▼	通过增减键修改运行频率
6	O	停止变频器

2. 工厂默认值恢复

设定 P0010=30 和 P0970=1，按下 P 键，开始复位，复位过程大约 3min，这样就可保证变频器的参数恢复到工厂默认值。过程如图 4-5 所示。

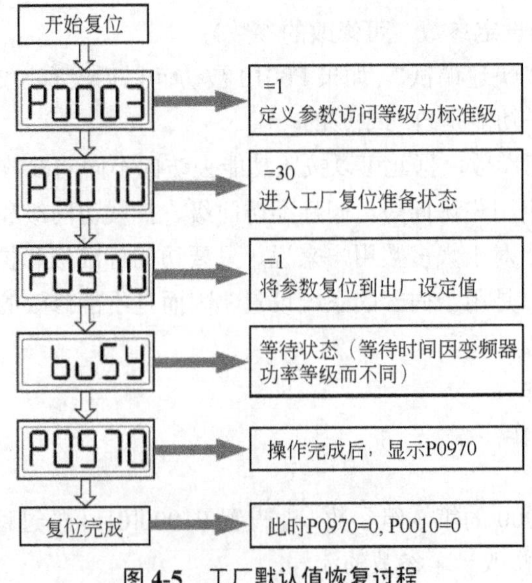

图 4-5 工厂默认值恢复过程

七、电动机参数设置和接线

1．设置电动机参数

电动机参数设置如表 4-5 所示（参考）。

表 4-5 电动机参数设置

参数号	出厂值	设置值	说 明
P0003	1	1	设定用户访问级为标准级
P0010	0	1	快速调试
P0100	0	0	功率以 kW 表示，频率为 50Hz
P0304	230	380	电动机额定电压（V）
P0305	3.25	1.05	电动机额定电流（A）
P0307	0.75	0.37	电动机额定功率（kW）
P0310	50	50	电动机额定频率（Hz）
P0311	0	1400	电动机额定转速（r/min）

电动机参数设定完成后，设 P0010=0，变频器当前处于准备状态，可正常运行。

设置变频器数字输入控制端口参数如表 4-6 所示。

表 4-6 设置变频器数字输入控制端口参数

参数号	出厂值	设置值	说 明
P0003	1	1	设用户访问级为标准级
P0004	0	7	命令和数字 I/O
P0700	2	2	命令源选择“由端子排输入”
P0003	1	2	设用户访问级为扩展级
P0004	0	7	命令和数字 I/O
*P0701	1	1	ON 接通正转，OFF 停止
*P0702	1	2	ON 接通反转，OFF 停止
*P0703	9	10	正向点动
*P0704	15	11	反向点动
P0003	1	1	设用户访问级为标准级
P0004	0	10	设定值通道和斜坡函数发生器
P1000	2	1	由键盘（电动电位计）输入设定值
*P1080	0	0	电动机运行的最低频率(Hz)
*P1082	50	50	电动机运行的最高频率(Hz)
*P1120	10	5	斜坡上升时间（s）
*P1121	10	5	斜坡下降时间（s）
P0003	1	2	设用户访问级为扩展级
P0004	0	10	设定值通道和斜坡函数发生器
*P1040	5	20	设定键盘控制的频率值
*P1058	5	10	正向点动频率(Hz)
*P1059	5	10	反向点动频率(Hz)
*P1060	10	5	点动斜坡上升时间（s）
*P1061	10	5	点动斜坡下降时间（s）

注：1．设置参数前先将变频器参数复位为工厂的缺省设定值。

2．设定 P0003=2 允许访问扩展参数。

3．设定电动机参数时先设定 P0010=1（快速调试），电动机参数设置完成设定 P0010=0（准备）。

2．电动机和电源的接线方法（见图 4-6）

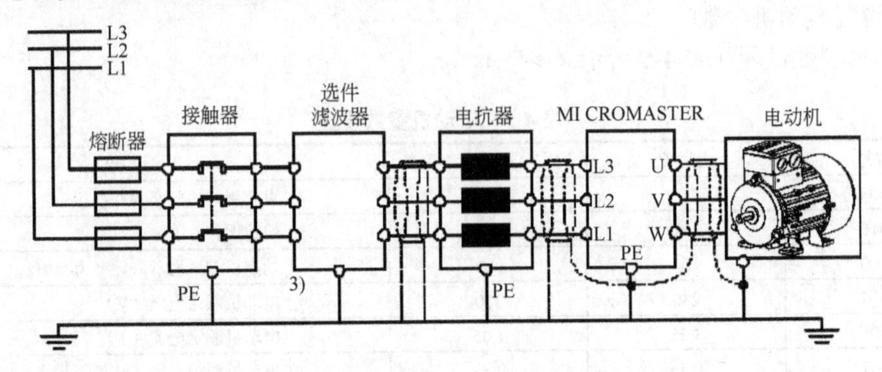

图 4-6 电动机和电源的接线方法

八、S7-300C 与 MM440 串行口通信

1．系统结构

选用 S7-300C CPU314C-2PtP 作为 RS485 USS 串行通信主站，连接一个 MM440 变频器，如图 4-7 所示。连接多个 MM440 时与之相同。

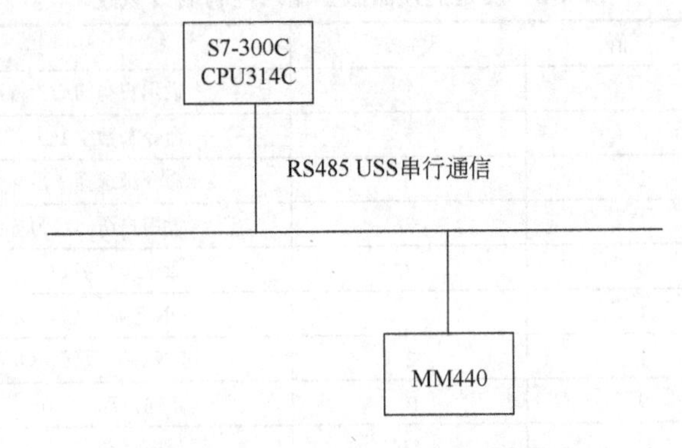

图 4-7 S7-300 与 MM440 串行口通信

2．软件版本描述

（1）需要的软件

STEP7 V5.2 以上；

PtP Param；

Drive ES Simatic for Function Block Library DRVUSSS7。

（2）需要的硬件

① S7-300C CPU314C- 2PtP；

② 变频器；

③ 组态。

（3）组态 MM440 USS 通信参数

P003=3　　访问级

P700=5　　通信源，从 USS 通信接口

P1000=5　　频率设定点数据源，从 USS 通信接口

P2010=6　　波特率为 9.6k

P2011=1　　　　　　USS 站号

P2012=4　　　　　　USS PZD 长度

P2013=4　　　　　　USS PKW 长度

P2014=1000　　　　监控时间

3．组态 S7-300 2PtP 串口通信参数（见图 4-8）

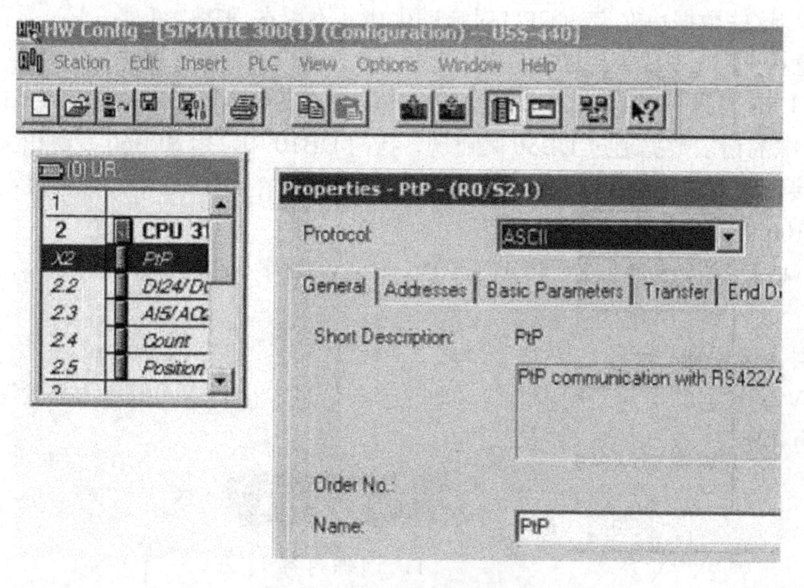

图 4-8　串口通信参数组态

4．PLC 编程

拷贝 DRVUSSS7 库程序到应用程序中，如图 4-9 所示。

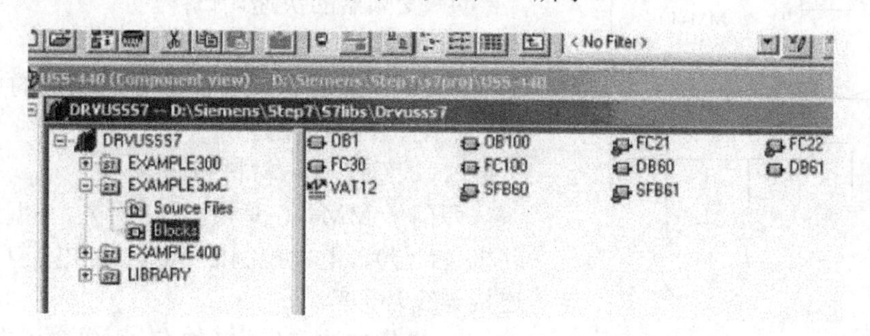

图 4-9　拷贝库程序到应用程序中

站号为 1，PZD 和 PKW 为 4，在 OB100 初始化程序中修改相应的程序。

```
CALL "USSS7-V"
 SANZ: =1            //具有相同报文的 USS 站的数量
 TNU1: =1            //开始的站号
 PKW: =4             //PKW 数
 PZD: =4             //PZD 数
 DBND: =100          //用户数据块
 DBPA: =50           //参数数据块
```

```
    DBCP: =10              //用于串口通信的数据块
    WDH: =50               //重复次数
    ANZ: =MB50             //状态字节
BE
```

读写多个站时必须使 PKW 和 PZD 数量相同且站号连续。DB50，100 任选，DB10 用于串口通信块，这些数据块在启动 CPU 时自动生成，不用在程序中新建。

5．注意在 FC30 中块调用的顺序

FC21（USS 发送）—SFB60（串口发送）—FC22（USS 接收）—SFB61（串口接收）

DB100 中的请求数据通过 DB50 来协调，指向 DB10 中，用 SFB60 发送出去，SFB61 用 DB10 作为接收区，通过 DB50 来协调，最后按站排序放在 DB100 中，数据放在 DB100 中。

6．DB100 中的数据存储规则

每一个站占用的数据为 2X（PKW+PZD）+PKW+6 字，PKW 和 PZD 为 4，所用数据的字为 26。

7．数据传送规则

对 PKW 区数据的访问是同步通信，即发一条信息，得到返回值后才能发第二条信息，PKW 一般为 4 字。

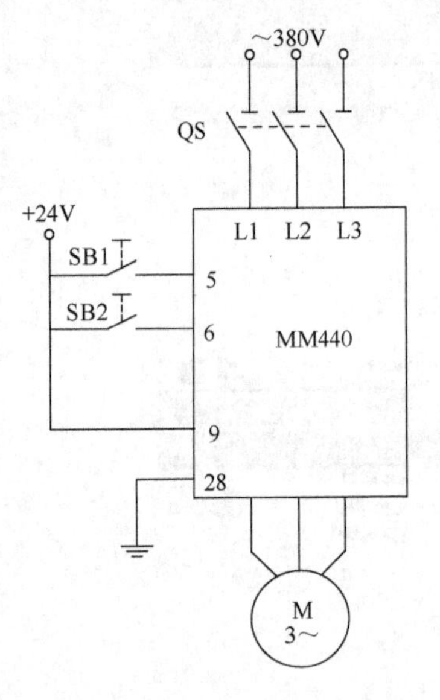

图 4-10 MM440 控制单台电机电气接线图

【任务实施】

1．训练内容

① MM440 变频器面板操作控制线路接线安装；

② 变频器的面板操作；

③ 变频器工厂默认值恢复；

④ 变频器的快速调试；

⑤ 电动机参数设置；

⑥ 通过变频器操作面板对电动机的启动、正反转、点动、调速控制。

2．训练工具、材料和设备

西门子 MM440 变频器（1 台）、小型三相异步电动机（1 台）、电气控制柜（1 台）、电工工具（1 套）、连接导线若干等。

3．操作方法和步骤（如有，则包含了电气原理图、程序等）

（1）按变频调速系统电气图布局硬件，并按图 4-10 接线

（2）电源接入，变频器通电

检查线路接线无误后，合上漏电开关 QS，给变频器接入三相电源（AC380V），观察变频器通电情况。

（3）编制控制程序并运行调试

① 用户自己编写的控制程序，进行编译，有错误时根据提示信息修改，直至无误，用 PC/PPI 通信编程电缆连接计算机串口与 PLC 通信口，打开 PLC 主机电源开关，下载程序至 PLC 中，下载完毕后将 PLC 的“RUN/STOP”开关拨至“RUN”状态。

② 打开开关“K1”，调节 PLC 模拟量模块输入电压，观察并记录电机的运转情况。

学习情境五

水箱温度控制系统的设计、安装和调试

【情境描述】

温度控制系统广泛应用于工业控制领域，如钢铁厂、化工厂、火电厂等锅炉的温度控制系统、电焊机的温度控制系统等。锅炉温度是一个大惯性系统，一般采用PID调节进行控制。本情境首先介绍温度传感器的使用和S7-300 PLC中块的基本概念，然后对PID控制器的基本概念进行简单介绍，并给出一个水箱温度控制，使用S7-300 PLC中PID控制器的控制。温度采集和压力、流量等一样，是一种工业控制中最普及的应用，它可以直接测量各种生产过程中液体、蒸汽、气体介质和固体表面的温度。常用的有热电阻、热电偶两种方式，此外还有非接触型的红外测温等产品，一个典型的应用例子是钢铁厂中的红外测温设备。这里主要采用热电阻和热电偶。本温度控制系统工作示意图如图5-1所示，对实验水箱进行恒温控制，采用PID闭环控制方式。通过电磁阀SV1控制一路冷水进、SV2控制一路热水出，以加快水箱温度的变化；搅拌电机M使水箱中水的温度保持均匀，保证热电阻TS测温的准确；加热器H用来加热水温，其工作功率受PID调节，具体地受双向晶闸管的调节。当水箱设备确定后，PID参数主要受进出水流量、水箱水温设定控制温度、室温等因素影响。这里使用S7-300PLC进行水温采集，然后再进行水温的控制。用S7-300PLC进行编制程序，绘制控制接线图，并进行接线，并进行下载程序运行调试，实现水温的恒定控制。

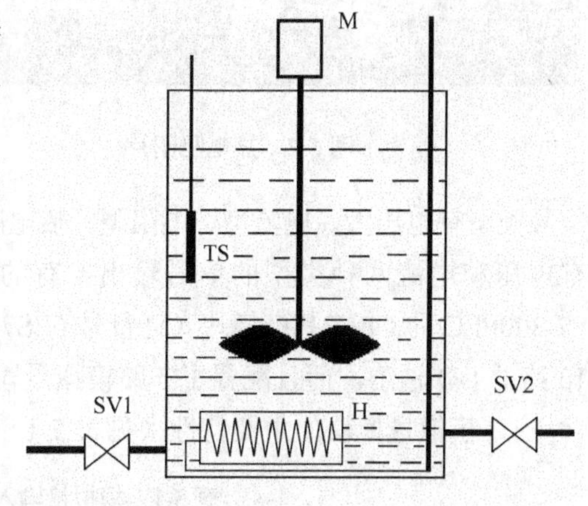

图5-1 实验水箱工作示意图

任务一 使用S7-300PLC采集温度信号

【任务描述】

用Pt100热电阻测量水槽的温度，然后将温度信号传送到PLC中，并能够显示温度值。

【知识链接】

一、热电阻

热电阻是中低温区最常用的一种温度测量元件。热电阻是基于金属导体的电阻值随温度的增加而增加这一特性来进行温度测量的。当电阻值变化时，二次仪表便显示出电阻值所对应的温度值。它的主要特点是测量精度高，性能稳定。其中铂热电阻的测量精度是最高的。铂热电阻根据使用场合的不同与使用温度的不同，有云母、陶瓷、薄膜等元件。作为测温元件，它具有良好的传感输出特性，通常和显示仪、记录仪、调节仪以及其他智能模块或仪表配套使用，为它们提供精确的输入值。若做成一体化温度变送器，可输出 4～20mA 标准电流信号或 0～10V 标准电压信号，使用起来更为方便。

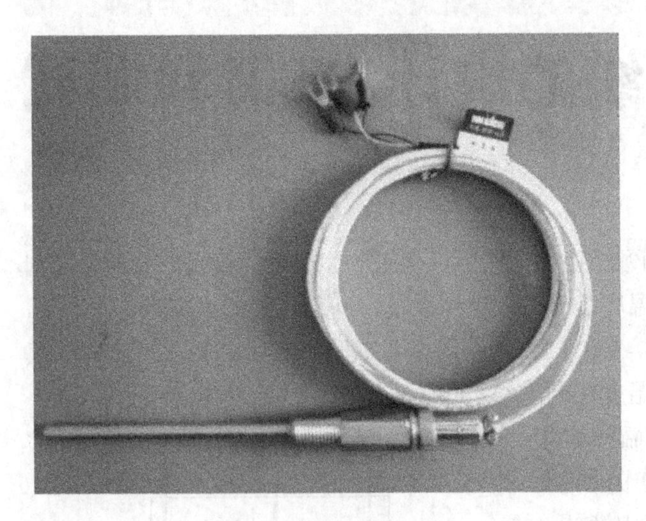

图 5-2　热电阻图片

图 5-2 所示为热电阻图片。

二、S7-300PLC 的模拟量模块

模拟量模块包括模拟量输入模块 SM331、模拟量输出模块 SM332 和模拟量输入/输出混合模块 SM334。对模拟量输入模块 SM331，可选择的输入信号类型有电压型、电流型、电阻型、热电阻型、热电偶型，而模拟量输出模块 SM332 提供有电压和电流两种类型的信号输出。有的 CPU 模块集成了这些信号输入输出功能，如 S7-300PLC 的 CPU313C 模块（订货号 6ES7 313-5BE01-0AB0），不仅提供 24 路的 DI 输入和 16 路的 DO 输出，而且配置了 5 路模拟量输入和 2 路模拟量信号输出。

1．模拟量模块的主要特性（见表 5-1～表 5-3）

表 5-1　模拟量输入模块 SM331 的主要特点

模块 特点	AI8×16 位 (-7NF00-)	AI8×16 位 (-7NF10-)	AI8×14 位 (-7HF0x-)	AI8×13 位 (-1KF01-)
输入数量	4 通道组中的 8 输入	4 通道组中的 8 输入	4 通道组中的 8 输入	8 通道组中的 8 输入
精度	每个通道组可调 15 位+符号	每个通道组可调 15 位+符号	每个通道组可调 13 位+符号	每个通道组可调 12 位+符号
测量信号类别	每个通道组可调；电压；电流	每个通道组可调；电压；电流	每个通道组可调；电压；电流	每个通道组可调；电压；电流
测量范围的选择	每个通道任意	每个通道任意	每个通道任意	每个通道任意

表 5-2　模拟量输入模块 SM332 的主要特性

模块 特点	AO8×12 位 (-5HF00-)	AO4×16 位 (-7ND01-)	AO2×12 位 (-5HF01-)
输出数量	8 个输出通道	4 通道中 4 输出	2 个输出通道
精度	12 位	12 位	12 位
输出方式及信号类别	一个通道一个通道输出；电压；电流	一个通道一个通道输出；电压；电流	一个通道一个通道输出；电压；电流

表 5-3　模拟量输入/输出混合模块 SM334 的主要特性

模块 特点	AI4/AO2×8 位 (-0CE01-)	AI4/AO2×12 位 (-0KE00-)
输入数量	1 通道组中 4 输入	1 通道组中 4 输入
输出数量	1 通道组中 2 输出	1 通道组中 2 输出
精度	8 位	12 位+符号
测量信号类别	每个通道可调；电压；电流	每个通道可调；电压；电流
输出方式及信号类别	一个通道一个通道输出；电压；电流	一个通道一个通道输出；电压；电流

2．模块信号类型和测量范围

由于模拟量输入或输出模块提供有不止一种类型信号的输入或输出，每种信号的测量范围又有多种选择，因此必须对模块信号类型和测量范围进行设定。一般采用 STEP7 软件设定和量程卡设定两种方法。

（1）通过 STEP7 软件设定

以 CPU313C 模块为例进行设置。如上所述，CPU313C 不仅是 CPU 模块，而且提供了功能丰富的输入输出信号，其中模拟量输入第 0～3 通道为电压/电流信号输入，第 4 通道为电阻/铂电阻输入，其设置在 STEP7 软件中进行，方法如下。

在图 5-3 所示的“HW Config”对话框中，双击“AI5/AO2”项，打开图 5-4 所示的“Properties”属性对话框，该对话框有“General”、“Addresses”、“Inputs”、“Outputs”四个选项，选中“Inputs”项，画面如图 5-4 所示。

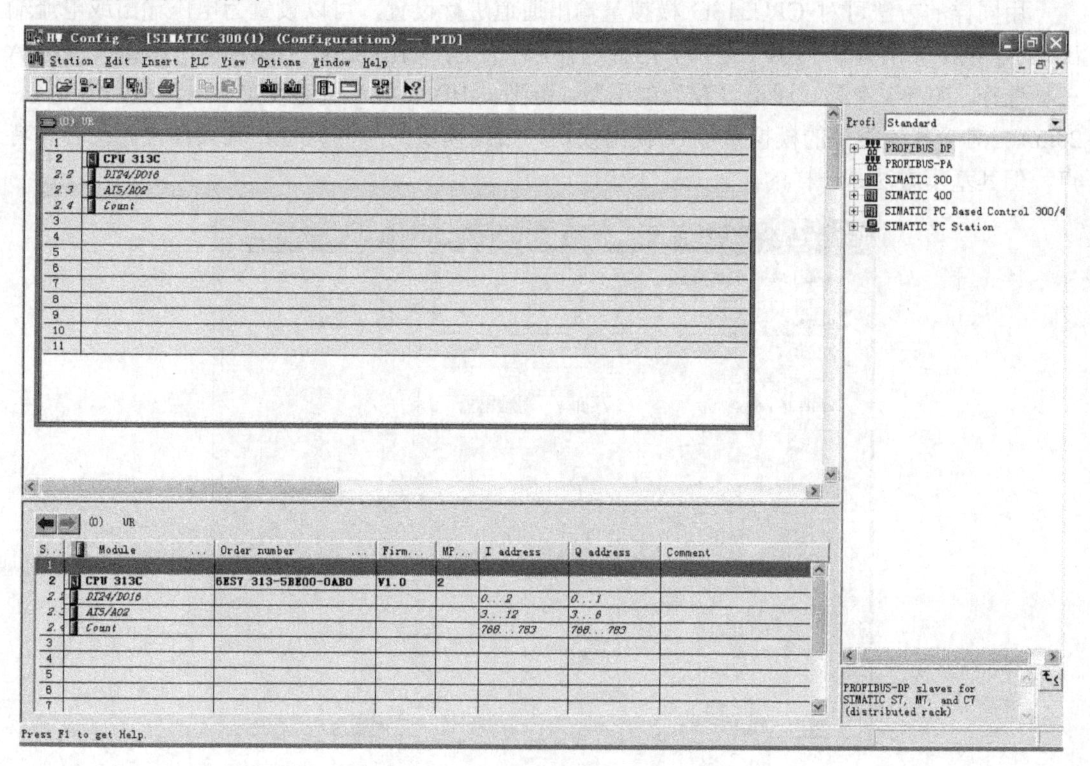

图 5-3　HW Config 硬件组态对话框

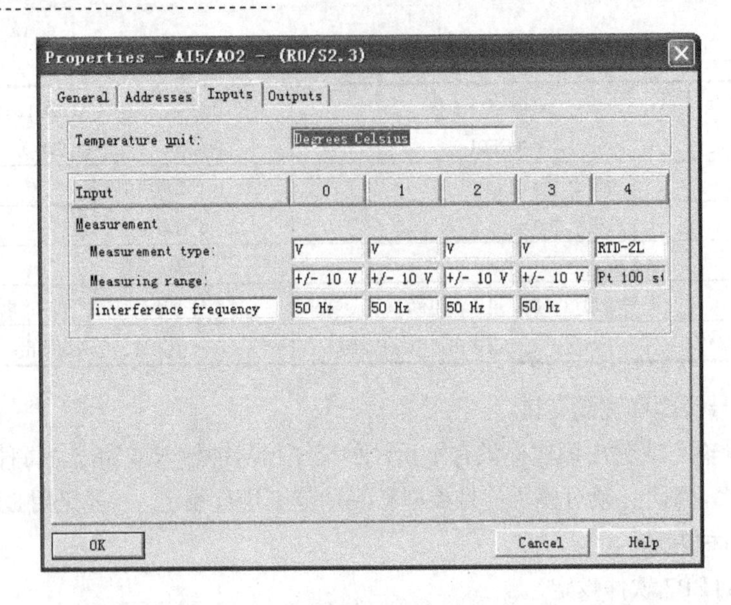

图 5-4 设置 CPU313C 模块模拟量输入信号的类型及量程

对于第 0～3 通道，可在“Measurement type”中选择电压或电流输入，在“Measuring range”中根据需要选择测量范围，对于电压输入有 0～10V、±10V 两种选择，对于电流输入有 0～20mA、4～20mA、±20mA 三种选择。第 4 通道为电阻/铂电阻测量通道，有 R-2L、RTD-2L 两种选择，图中测量类型已选为 RTD-2L，Pt100，用于测量传感器为 Pt100 铂热电阻的温度值。

用同样的方法可对 CPU313C 模拟量输出通道进行设置，可以设置为电压输出或电流输出，对于电压输出有 0～10V、±10V 两种选择，对于电流输出有 0～20mA、4～20mA、±20mA 三种选择，图 5-5 中第 0 通道设置为电压型，范围+/-10V，第 1 通道设置为电流型，范围 4～20mA。对于其他类型的模拟量输入/输出模块，根据模块的不同特性，其具体设置会各有特点，但其基本方法是一样的。

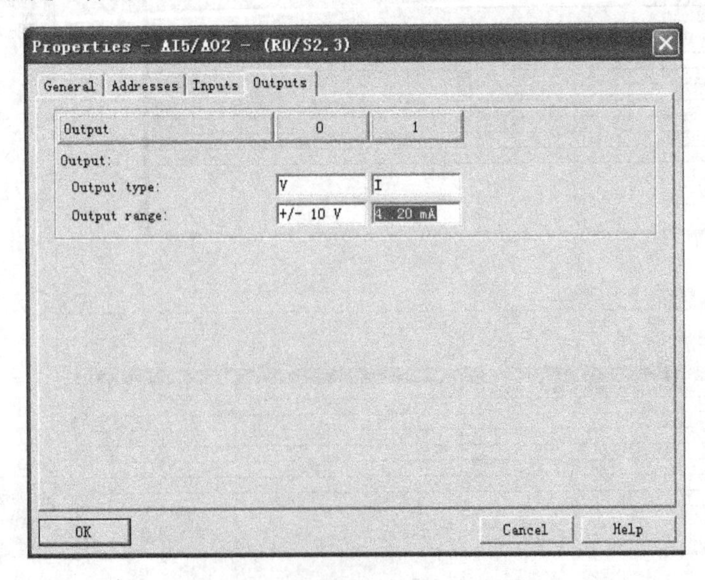

图 5-5 设置 CPU313C 模块输出信号的类型及量程

（2）模拟量模块的测量信号类型及测量范围设定

配有量程卡的模拟量模块的测量信号类型和测量范围的设定配有量程卡的模拟量模块，其量程卡在供货时已插入模块一侧，如果需要更改量程，必须重新调整量程卡，以更改测量信号的类型和测量范围。

量程卡可以设定为“A”、“B”、“C”、“D”四个位置，各种测量信号类型和测量范围的设定在模拟量模块上有相应的标记指示，可以根据需要进行设定和调整。

调整量程卡的步骤为：

① 用螺丝刀将量程卡从模拟量模块中松开；

② 将量程卡按测量要求和范围正确定位，然后插入模拟量模块中。

（3）模拟值的表示

模拟值用二进制补码表示，宽度为 16 位，符号总在最高位。模拟量模块的精度最高为 15 位，如果少于 15 位，则模拟值左移调整，然后才保存到模块中。未用的低位填入“0”，如表 5-4、表 5-5 所示。

表 5-4　电压测量范围±10～±1V 的模拟值表示

系统		电压测量范围				
十进制	十六进制	±10V	±5V	±2.5V	±1V	
32767	7FFF	11.851V	5.926V	2.963V	1.185V	上溢
32512	7F00					
32511	7EFF	11.759V	5.879V	2.940V	1.176V	超出范围
27649	6C01					
27648	6C00	10V	5V	2.5V	1V	正常范围
20736	5100	7.5V	3.75V	1.875V	0.75V	
1	1	361.7μV	180.8μV	90.4μV	36.17μV	
0	0	0V	0V	0V	0V	
−1	FFFF	−361.7μV	−180.8μV	−90.4μV	−36.17μV	
−20736	AF00	−7.5V	−3.75V	−1.875V	−0.75V	
−27648	9400	−10V	−5V	−2.5V	−1V	
−27649	93FF					低于范围
−32512	8100	−11.759V	−5.879V	−2.940V	−1.176V	
−32513	80FF					下溢
−32768	8000	−11.851V	5.926V	−2.963V	−1.185V	

表 5-5　电流测量范围为 0～20mA 和 4～20mA 的模拟值表示

系统		电流测量范围		
十进制	十六进制	0～20mA	4～20mA	
32767	7FFF	23.7 mA	22.96 mA	上溢
32512	7F00			
32511	7EFF	23.52 mA	22.81 mA	超出范围
27649	6C01			
27648	6C00	20 mA	20 mA	正常范围
20736	5100	15 mA	15 mA	
1	1	723.4nA	4 mA +578.7 nA	
0	0	0 mA	4 mA	

标准 Pt 100 RTD 温度传感器的模拟值表示如表 5-6 所示。以 CPU313C 模块为例，模拟量精度为 12 位，由表 5-4 可知，16 位数中最后三位为 0，因此分辨率为 08H。再由表 5-6 可知，对应的温度分辨率为 0.8℃。

对于其他模拟量输入信号的模拟值信号以及模拟量输出信号的表示，参阅相关技术文档。

表 5-6 标准 Pt 100 RTD 温度传感器的模拟值表示

Pt100 标准/℃(1 个数位=0.1℃)	单位		范围
	十进制	十六进制	
>1000.0	32767	7FFF	上溢
1000.0～850.1	10000～8501	2710～2135	高于正常
850.0～-200.0	8500～-2000	2134～F830	正常范围
-200.1～-243.0	-2001～-2430	F82F～F682	低于正常
<-243.0	-32768	8000	下溢

3．STEP 7 中的块

（1）FB 的创建

创建一个 FB 的方法为：在 Blocks 目录下的右侧空白区域单击右键，在弹出的快捷菜单中选择“Insert New Object”—“Function Block”，即插入了一个 FB，这时弹出如图 5-6 所示的对话框，只要填入 FB 的名称如 FB1，输入符号名和注释，并选择编程语言，如 LAD，单击 OK，就完成了功能块 FB1 的插入和属性设置。

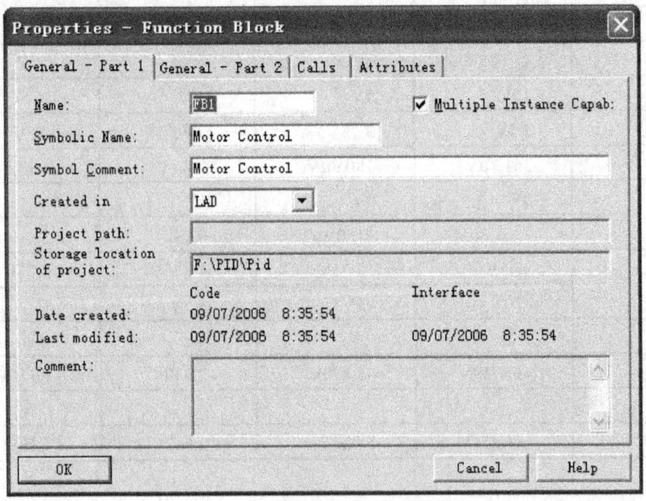

图 5-6 FB 属性设置对话框

在 Blocks 目录下双击 FB1，打开梯形图编辑器画面，右上半部分是变量声明表，右下半部分是程序指令区，左边是指令列表。变量声明表示出了 FB1 的参数和变量类型设置界面，用于声明本块中专用的变量即局域变量，包括块的形参和参数的属性。通过设置 IN（输入变量）、OUT（输出变量）和 IN_OUT（输入/输出变量），声明块调用时的软件接口（即形参）。

临时变量（TEMP）在声明后在局域数据堆栈中开辟有效的存储空间。STAT（静态变量）是 FB 特有的，是为配合使用背景数据块而保留的空间。用户在功能块中声明的变量，除临时变量外，它们将自动出现在功能块对应的背景数据块中。

变量声明表左边给出了该表的总体结构，点击某一变量类型，例如 IN，在表的右边将显示出该类型变量的详细信息，用户可以在这里创建变量。如图 5-7 所示，在 IN 类型中建立了

Motor_On、Motor_Off、Motor_Timer 三个变量，在 OUT 类型中建立了变量 Motor_Working，在 STAT 类型中建立了静态变量 Delay_Time，在 TEMP 类型中建立了临时变量 Temp_Off，所有变量均作了注释。

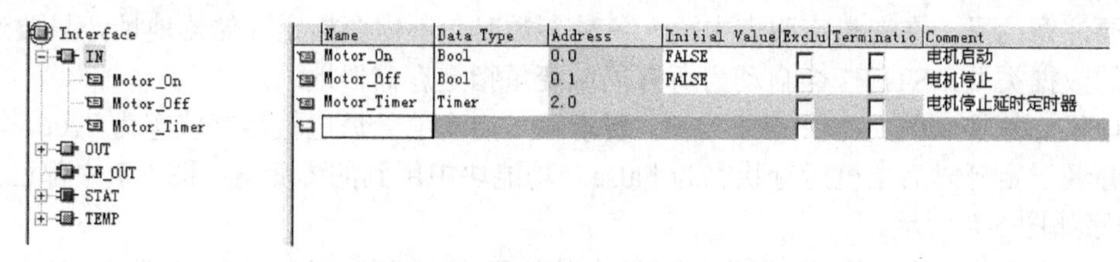

Name	Data Type	Address	Initial Value	Exclu	Terminatio	Comment
Motor_On	Bool	0.0	FALSE			电机启动
Motor_Off	Bool	0.1	FALSE			电机停止
Motor_Timer	Timer	2.0				电机停止延时定时器

图 5-7　在变量声明表中建立变量

（2）在变量声明表中建立变量

下面是对图 5-7 中所示功能块 5 种类型变量的使用说明。

① IN（输入变量）：由调用 FB 的块提供的输入参数。

② OUT（输出变量）：返回给调用 FB 的块的输出参数。

③ IN_OUT（输入/输出变量）：初值由调用 FB 的块提供，被 FB 修改后返回给调用它的块。

④ TEMP（临时变量）：暂时保存在局域数据区中的变量，只在使用块时使用临时变量，

FB1: Title :

电机启停控制功能块，其中停止带延时功能

Network 1: Title:

接通Motor_On使电机处于运行状态(Motor_Working=1)

#Motor_On　#Motor_Working (S)

Network 2: Title:

接通Motor_Off并延时Delay_Time,变量Temp_Off=1

#Motor_Timer
#Motor_Off　S_ODT　S　Q　#Temp_Off ( )
#Delay_Time　TV　BI　…
…　R　BCD　…

Network 3: Title:

变量Temp_Off=1使电机处于停止状态(Motor_Working=0)

#Temp_Off　#Motor_Working (R)

图 5-8　电机启停控制程序

执行完后不再保存临时变量的数值。

⑤ STAT（静态变量）：在功能块的背景数据块中使用。关闭功能块后，其静态数据保持不变。功能 FC 没有静态变量。

需要注意的是，在变量声明表中输入各种参数时，不需要指定存储器地址，只要选择了各变量的数据类型，STEP7 会自动为所有局域变量指定存储器地址。

以电机启停控制的功能块 FB1 为例，要求输入启动信号后电机运行状态为 True，输入停止信号并经一定延时后电机运行状态为 False。功能块中用到的各变量在图 5-7 中都已建立。LAD 程序如图 5-8 所示。

在 FB 编辑器中编好的 FB 程序，可以在其他程序中进行调用。图 5-9 是在 OB1 中调用的一个实例，可以在图形编辑器左侧指令列表的“FB blocks”下找到“FB1 Motor Control”功能块，把它直接拖到 OB1 程序编辑区中即可。

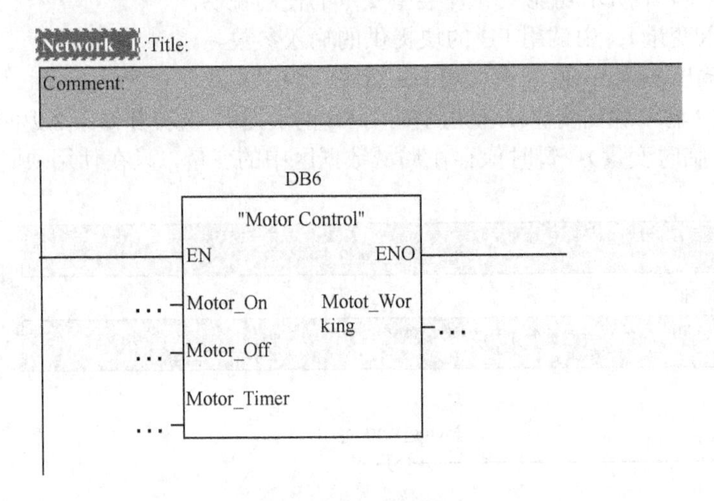

图 5-9　FB 的调用

系统功能 SFC（System Function）是预先编好的固化在 S7 系列 CPU 中的程序，是可供用户程序调用的 FC，因此称为“系统功能”。与 FC 相同，SFC 不具有存储能力。通常 SFC 提供一些系统级的功能调用，如通信功能、时间功能、块传送功能等。

SFC 与下面将要介绍的系统功能块 SFB 的差别是，SFC 没有存储功能。

各种具体的 CPU 支持的 SFC 是不同的，用户可以通过查阅相关 CPU 技术文档了解这方面的详细信息和资料。

系统功能块 SFB（System Function Block）与系统功能 SFC 一样，是为用户提供的固化在 S7 系列 CPU 操作系统中的 FB。SFB 作为操作系统的一部分，不占用户程序空间。在用户程序中可以调用这些块，但用户不能进行修改。与 FB 相同，SFB 也是“具有存储能力”的块。用户调用 SFB 时也必须为 SFB 生成背景数据块，或指定背景数据块名，由系统自动生成背景数据块。SFB 提供一些系统级的功能调用，如 PID 功能块 SFB41、SFB42、SFB43。关于 PID 部分内容将在本章后部分内容中作详细介绍，关于其他 SFB，可通过查阅相关 CPU 技术文档了解这方面的详细信息和资料。

S7 系列 PLC 具有强大的数据块功能。数据块是用于存放执行用户程序所需变量的数据区，分为背景数据块 IDB（Instance Data Block）和共享数据块 SDB（Shared Data Block）。STEP

7 按数据生成的顺序自动为数据块中的变量分配地址。IDB 是与 FB 相关联的，只能用来被指定的 FB 访问，因此在创建 IDB 时，必须指定它所属的 FB，并且该 FB 必须已经存在。在调用一个 FB 时，也必须指明 IDB 的编号或符号。

背景数据块 IDB 中的数据信息是自动生成的，它们是 FB 变量声明表中的内容（不包括临时变量 TEMP），也即应首先生成功能块 FB，然后生成它的背景数据块。功能块 FB 建好后，创建背景数据块的方法为：在 Blocks 目录下的右侧空白区域单击右键，在弹出的快捷菜单中选择“Insert New Object”—“Data Block”插入一个 DB，弹出如图 5-10 所示的对话框。在“Name and type”中填入名称为 DB4、选择背景数据块“Instance DB”和上面已经建立的功能块“FB1”，单击 OK，即完成背景数据块的插入和属性设置。

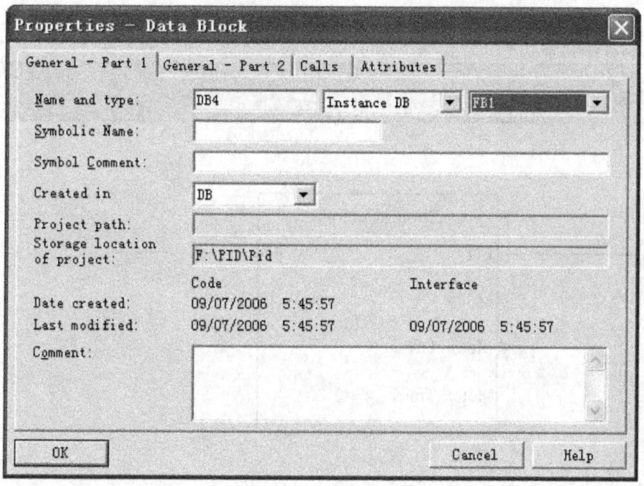

图 5-10　创建背景数据

这时双击 Blocks 中已生成的 DB4，可以看到 DB4 中已经自动生成了数据，如图 5-11 所示。注意，DB4 中的内容与功能块 FB1 变量声明表中定义的内容完全一致（临时变量 TEMP 除外）。可以对图 5-11 中的参数进行修改。背景数据块有两种显示方式：数据显示“Data View”方式和声明表显示“Declaration View”方式。点击菜单 View，若选中数据显示方式“Data View”选项，可对参数进行修改，如可把定时器的参数“Actual value”改为 1000ms；若选中声明表显示方式“Declaration View”选项，则不能修改数据。

	Declaration	Name	Type	Initial value	Actual value	Comment
1	in	Motor_On	BOOL	FALSE	FALSE	
2	in	Motor_Off	BOOL	FALSE	FALSE	
3	in	Motor_Timer	TIMER	T 0	T 0	
4	out	Motor_Working	BOOL	FALSE	FALSE	
5	stat	Delay_Time	S5TIME	S5T#0MS	S5T#0MS	

图 5-11　背景数据块 DB4 中的数据

除了按以上方法在 Blocks 文件夹中创建 IDB，也可以在调用 FB 时自动创建 IDB。在图 5-6 调用 FB1 时输入背景数据块名称为 DB5，而这时在 Blocks 目录中并没有名为 DB5 的背景数据块，因此这时系统提示是否自动创建背景数据块，选择自动创建，则在 Blocks 目录中就自动创建了一个背景数据块 DB5。双击把它打开，并把定时器的参数“Actual value”改为 2000ms。如图 5-12 所示。

	Declaration	Name	Type	Initial value	Actual value	Comment
1	in	Motor_On	BOOL	FALSE	FALSE	
2	in	Motor_Off	BOOL	FALSE	FALSE	
3	in	Motor_Timer	TIMER	T 0	T 0	
4	out	Motor_Working	BOOL	FALSE	FALSE	
5	stat	Delay_Time	S5TIME	S5T#0MS	S5T#2S	

图 5-12　背景数据块 DB5 中的数据

一个 FB 可以和多个背景数据块相对应，这非常适合于生产工艺相同但配方或生产过程不同的场合。如上例，背景数据块 DB4 和 DB5 的定时器参数不同，调用背景数据块如图 5-13 所示，两者实现的电机停止延时控制过程是不一样的。

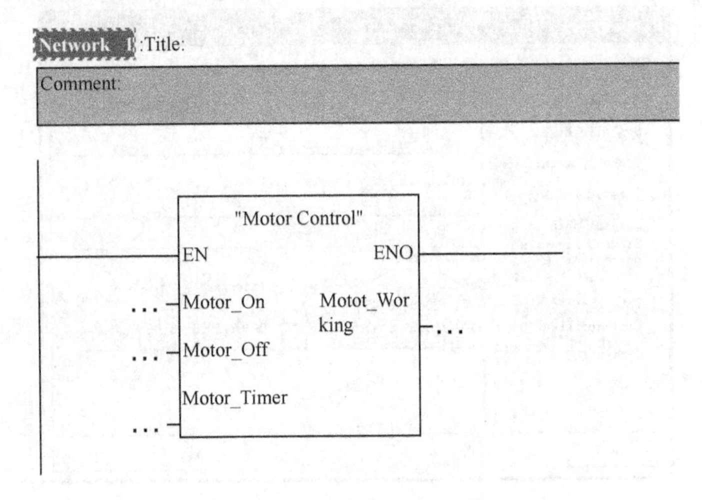

图 5-13　背景数据块的调用

需要注意的是，SFB 虽然是由操作系统提供的，但其背景数据块仍需由用户生成。可以采用上面介绍的两种方法之一。

共享数据块 SDB 存储的是全局数据，可被所有的 OB、FC、FB 读取或将数据写入到 SDB。与 IDB 一样，SDB 中的数据是不会被删除的，即具有数据保存功能，其数据的容量与具体的 PLC 有关。SDB 的生成步骤与 IDB 基本相同。在 Blocks 目录下的右侧空白区域单击右键，在弹出的快捷菜单中选择“Insert New Object”—“Data Block”插入一个 DB，弹出如图 5-14 所示的对话框，在“Name and type”中填入名称为 SDB1，选择 Shared Data Block，则 FB 选项框自动变灰不能选择。

双击 SDB1，自动打开数据编辑器。共享数据块与背景数据块不同，数据不会自动生成，变量名和数据类型必须一一输入，地址则是自动生成；为提高效率，也可以采用 ARRAY 等复杂数据类型。在菜单 View 中可采用 “Declaration View” 声明表显示和 “Data View”数据显示两种方式显示数据，分别如图 5-15 和图 5-16 所示。

声明表显示方式用于定义和修改共享数据块中的变量，指定它们的名称、类型和初值并可输入注释，STEP 7 根据数据类型给出默认的初值，用户可以修改，地址由 CPU 自动指定。图中采用了数组 ARRAY[1..20]，其创建方法为：先在“Name”列输入名称，再在“Type”中选择 ARRAY 类型，在“[]”中输入数组的大小，并在下一行紧接着选择数据类型，如 INT。数据显示方式下显示声明表中的全部信息和变量的实际值，用户只能改变每个元素的实际值。

复杂数据类型变量的元素如数组中的各元素用全名列出。在数据显示状态下用菜单“Edit”下的“Inicialize Data Block”可使变量恢复为初始值。

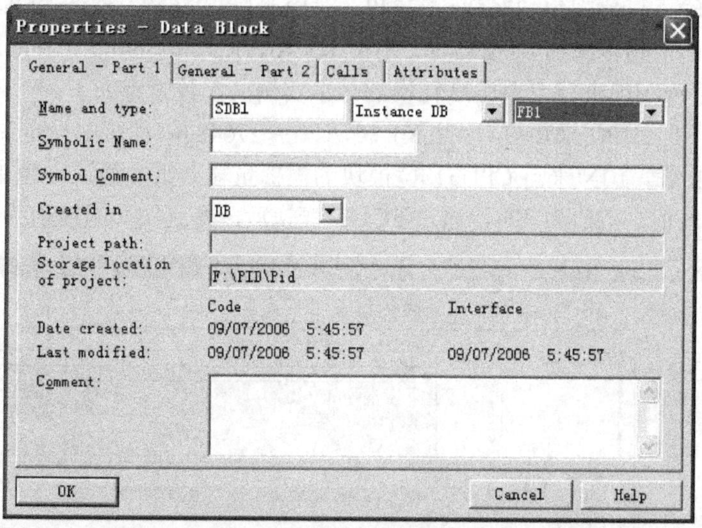

图 5-14 创建共享数据块 SDB

Address	Name	Type	Initial value	Comment
0.0		STRUCT		
+0.0	DB_VAR1	INT	0	Temporary placeholder variable
+2.0	DB_VAR2	DWORD	DW#16#0	
+6.0	array1	ARRAY[1..100]		
*2.0		INT		
=206.0		END_STRUCT		

图 5-15 声明表显示方式下的共享数据块 SDB1

Address	Name	Type	Initial value	Actual value	Comment
0.0	DB_VAR1	INT	0	0	Temporary placeholder variable
2.0	DB_VAR2	DWORD	DW#16#0	DW#16#0	
6.0	array1[1]	INT	0	2	
8.0	array1[2]	INT	0	0	
10.0	array1[3]	INT	0	0	
12.0	array1[4]	INT	0	0	
14.0	array1[5]	INT	0	0	
16.0	array1[6]	INT	0	6	
18.0	array1[7]	INT	0	0	
20.0	array1[8]	INT	0	0	
22.0	array1[9]	INT	0	0	
24.0	array1[10]	INT	0	0	
26.0	array1[11]	INT	0	0	
28.0	array1[12]	INT	0	0	
30.0	array1[13]	INT	0	0	
32.0	array1[14]	INT	0	0	
34.0	array1[15]	INT	0	0	
36.0	array1[16]	INT	0	0	
38.0	array1[17]	INT	0	0	
40.0	array1[18]	INT	0	0	
42.0	array1[19]	INT	0	0	
44.0	array1[20]	INT	0	0	

图 5-16 数据显示方式下的共享数据块 SDB1

FC105 的数值换算公式为：

OUT=((FLOAT)IN -K1)/(K2-K1)*(HI_LIM-LO_LIM)+LO_LIM

对双极性，输入值范围为–27648～27648，对应 K1 =–27648，K2 =+27648;

对单极性，输入值范围为 0～27648，对应 K1 =0，K2 =+27648。

图 5-17 是用 FC105 进行室温温度转换的一个实例，参数设置如下：

采用单极性，即 BIPOLAR=0，因此 K1 =0，K2 =+27648.0；程序中设定 HI_LIM =2764.8，LO_LLM =0；输入信号 IN 来自 CPU313C 模块的模拟量输入第 4 通道，为铂电阻输入信号，采样的是环境温度值，数值为 304，通过 FC105 变换后，得到实际温度值为 30.4℃。

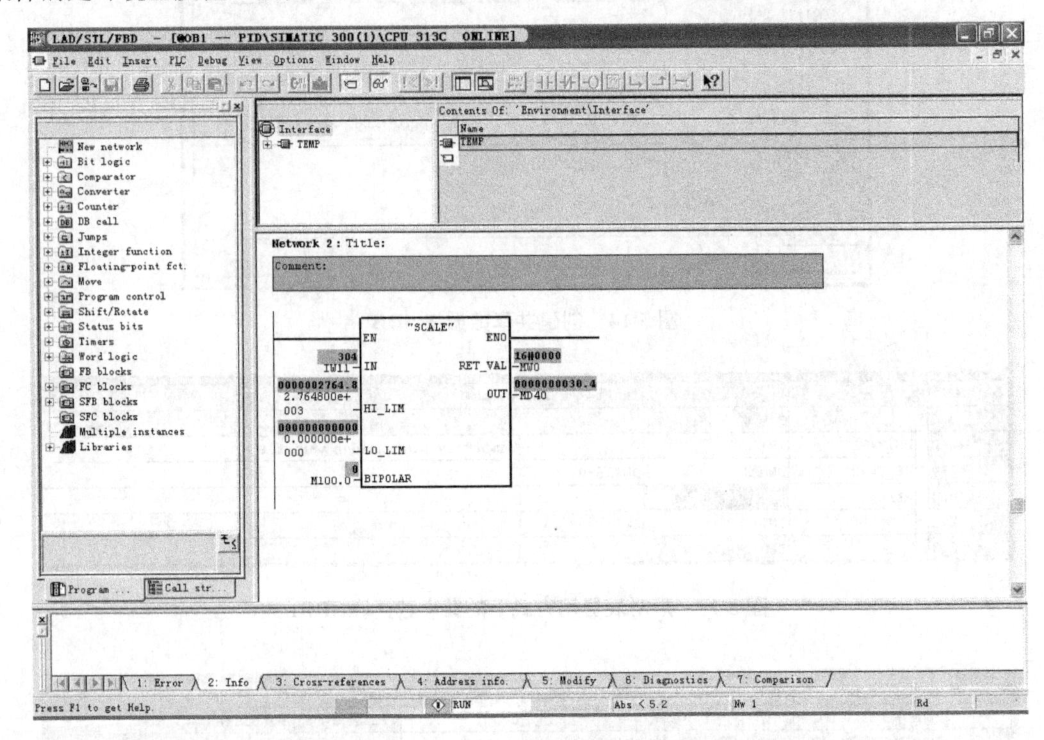

图 5-17 用 FC105 进行温度转换应用实例

【任务实施】

1．实施要求

① 用项目创建向导创建一个 S7 的项目；

② 将热电阻与实际的 S7-300PLC 模拟量模板连接，下载程序，观察结果。

2．实施步骤

① 启动 STEP7 编程软件创建项目；

② 通过 HW Config 进行硬件组态；

③ 在符号编辑器创建输入输出分配表；

④ 用 LAD/STL/FBD 编程器编写 PLC 程序；

⑤ 通过 SET PG/PC Interface 设置编程通信接口；

⑥ 安装 STEP 7 软件；

⑦ 连接模拟量输入输出模块。

任务二 使用 S7-300PLC 进行温度控制

【任务描述】

将采集到的温度输入信号，送给 PLC 的控制器进行温度控制，控制器发出控制指令，调节使温度保持恒温状态，本温度控制系统实现对如图 5-1 所示的实验水箱进行恒温控制，采用 PID 闭环控制方式。通过电磁阀 SV1 控制一路冷水进、SV2 控制一路热水出，以加快水箱温度的变化；搅拌电机 M 使水箱中水的温度保持均匀，保证热电阻 TS 测温的准确；加热器 H 用来加热水温，其工作功率受 PID 调节，具体地受双向晶闸管的调节。当水箱设备确定后，PID 参数主要受进出水流量、水箱水温设定控制温度、室温等因素影响。

【知识链接】

一、PID 指令及应用

S7-300 及 400 提供有 PID 控制功能块来实现 PID 控制。STEP7 提供了系统功能块 SFB41、SFB42、SFB43 实现 PID 闭环控制，其中 SFB41“CONT_C”用于连续控制，如图 5-20 所示，SFB42“CONT_S”用于步进控制，SFB43“PULSEGEN”用于脉冲宽度调制，它们位于文件夹“\Libraries\Standard Library\PID Controller”中。位于文件夹“\Libraries\Standard Library\PID Controller”的 FB41、FB42、FB43 与 SFB41、SFB42、SFB43 兼容，FB58、FB59 则用于 PID 温度控制。它们是系统固化的纯软件控制器，运行过程中循环扫描、计算所需的全部数据存储在分配给 FB 或 SFB 的背景数据块里，因此可以无限次调用。

以连续 PID 控制器 SFB41 模块为例进行详细介绍，其他 PID 模块的应用是相类似的。STEP 7 的在线帮助文档提供了各种 PID 功能块应用的帮助信息。

表 5-7 和表 5-8 分别为 SFB41 的输入参数和输出参数及其意义说明。

表 5-7 SFB41 的输入参数及其意义说明

参数名称	数据类型	地址	意 义 说 明	缺省值
COM_RST	BOOL	0.0	COMPLETE RESTART 重新启动 PID，该数为 1,重启动 PID，复位 PID 内部参数，通常在系统重启或在 PID 进入饱和状态需要退出时执行一个扫描周期	FALSE
MAN_ON	BOOL	0.1	MANUAL VALUE ON 为 1 时控制循环将被中断，直接将 MAN 的值输出到 LOW	TRUE
PVPER_ON	BOOL	0.2	PROCESS VARLABLE PERIPHERAL ON 为 1 时使用 I/O 输入的过程变量，PV_PER 连至 I/O 过程变量	FALSE
P_SEL	BOOL	0.3	PROPORTIONAL ACTION ON 为 1 时打开比例 P 操作	TRUE
I_SEL	BOOL	0.4	INTEGRAL ACTION ON 为 1 时打开积分 I 操作	TRUE
NT_HOLD	BOOL	0.5	INTEGRAL ACTION HOLD 为 1 时积分 I 操作被冻结	FALSE
I_ITL_ON	BOOL	0.6	INITIALIZATION OF INTEGRAL ACTION ON 为 1 时使用 I_ITLVAL 作为积分初值	FALSE
D_SEL	BOOL	0.7	DERIVATIVE ACTION ON 为 1 时打开微分操作	FALSE
CYLCE	TIME	2	SAMPLING TIME PID 采样时间，两次块调用之间的时间，取值范围≥1ms，一般为 200ms	T#1S
SP_INT	REAL	6	INTEPNAL SETPOINT 内部设定值输入，即 PID 的给定值，取值范围+100%～-100%的物理值	0.0
PV_IN	REAL	10	PROCESS VARIABLE IN 浮点数格式的过程变量输入	0.0
PV_PER	WORD	14	PROCESS VARIBALE PERIPHERAL 外部设备输入的 I/O 格式的 I/O 变量值	16#0000

续表

参数名称	数据类型	地址	意义说明	缺省值
MAN	REAL	16	MANUAL VALUE 手动值，由 MAN_ON 手动有效，取值范围+100%～-100%的物理值	0.0
GAIN	REAL	20	PROPORTIONAL GAIN 比例增益输入，用于设定控制器的增益	2.0
TI	TIME	24	T 积分时间输入，取值范围应大于扫描周期	T#20S
TD	TIME	28	微分时间输入，微分器的响应时间	T#10S

表 5-8 SFB41 的输出参数及其意义说明

参数名称	数据类型	地址	意义说明	缺省值
LMN	REAL	72	MANIPULATED VALUE 浮点数格式的 PID 输出	0.0
LMN_PER	WORD	76	MANIPULATED VALUE PERIPHERAL I/O 格式的 PID 输出值	16#0000
QLMN_HIM	BOOL	78.0	PID 输出值过上限	FALSE
QLMN_HIM	BOOL	78.1	PID 输出值小于下限	FALSE
LMN_P	REAL	80	PID 输出值中的比例成分	0.0
LMN_I	REAL	84	PID 输出值中的积分成分	0.0
LMN_D	REAL	88	PID 输出值中的微分成分	0.0
PV	REAL	92	格式化的过程变量输出	0.0
ER	REAL	96	死区处理后的误差输出	0.0

二、PID 指令对温度的控制编程

PID 指令每隔一定时间运行一次，其间隔时间根据工程运行情况可作修改，一般放在定时循环中断如 OB35 中调用。

① 在启动时执行的组织块 OB100 中调用初始化值，程序如下：

```
S    DB2.DBX    0.0        //重启动 PID，复位 PID 内部参数
R    DB2.DBX    0.0        //进入正常运行
```

② 在 OB35 中调用连续 PID 控制功能块 SFB41。OB35 执行的时间间隔即 PID 控制器运行的周期，在 CPU 属性设置对话框的循环中断选项卡中设置，最大为 10000ms，如图 5-18 所示。调用 SFB41 应指定相应的背景数据块，在 OB35 中插入 SFB41 时指定背景数据块为 DB2，系统会自动提问是否创建该背景数据块，选择建立。图 5-19 所示为背景数据块 OB2。OB35 组织块中插入 SFB41 并指定输入参数，如图 5-20 所示。

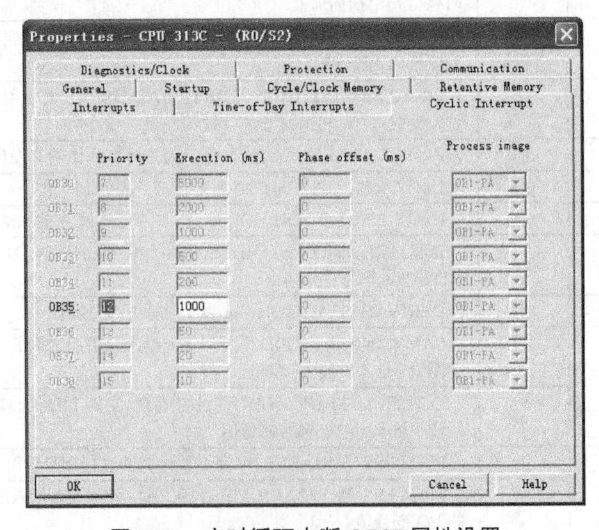

图 5-18 定时循环中断 OB35 属性设置

DB Param - [DB2 -- PID\SIMATIC 300(1)\CPU 313C]

	Address	Declaration	Name	Type	Initial value	Actual value	Comment
1	0.0	in	COM_RST	BOOL	FALSE	FALSE	complete restart
2	0.1	in	MAN_ON	BOOL	TRUE	TRUE	manual value on
3	0.2	in	PVPER_ON	BOOL	FALSE	FALSE	process variable peripherie on
4	0.3	in	P_SEL	BOOL	TRUE	TRUE	proportional action on
5	0.4	in	I_SEL	BOOL	TRUE	TRUE	integral action on
6	0.5	in	INT_HOLD	BOOL	FALSE	FALSE	integral action hold
7	0.6	in	I_ITL_ON	BOOL	FALSE	FALSE	initialization of the integral action
8	0.7	in	D_SEL	BOOL	FALSE	FALSE	derivative action on
9	2.0	in	CYCLE	TIME	T#1S	T#1S	sample time
10	6.0	in	SP_INT	REAL	0.000000e+000	0.000000e+000	internal setpoint
11	10.0	in	PV_IN	REAL	0.000000e+000	0.000000e+000	process variable in
12	14.0	in	PV_PER	WORD	W#16#0	W#16#0	process variable peripherie
13	16.0	in	MAN	REAL	0.000000e+000	0.000000e+000	manual value
14	20.0	in	GAIN	REAL	2.000000e+000	2.000000e+000	proportional gain
15	24.0	in	TI	TIME	T#20S	T#20S	reset time
16	28.0	in	TD	TIME	T#10S	T#10S	derivative time
17	32.0	in	TM_LAG	TIME	T#2S	T#2S	time lag of the derivative action
18	36.0	in	DEADB_W	REAL	0.000000e+000	0.000000e+000	dead band width
19	40.0	in	LMN_HLM	REAL	1.000000e+002	1.000000e+002	manipulated value high limit
20	44.0	in	LMN_LLM	REAL	0.000000e+000	0.000000e+000	manipulated value low limit
21	48.0	in	PV_FAC	REAL	1.000000e+000	1.000000e+000	process variable factor
22	52.0	in	PV_OFF	REAL	0.000000e+000	0.000000e+000	process variable offset
23	56.0	in	LMN_FAC	REAL	1.000000e+000	1.000000e+000	manipulated value factor
24	60.0	in	LMN_OFF	REAL	0.000000e+000	0.000000e+000	manipulated value offset
25	64.0	in	I_ITLVAL	REAL	0.000000e+000	0.000000e+000	initialization value of the integral action
26	68.0	in	DISV	REAL	0.000000e+000	0.000000e+000	disturbance variable
27	72.0	out	LMN	REAL	0.000000e+000	0.000000e+000	manipulated value
28	76.0	out	LMN_PER	WORD	W#16#0	W#16#0	manipulated value peripherie
29	78.0	out	QLMN_HLM	BOOL	FALSE	FALSE	high limit of manipulated value reached
30	78.1	out	QLMN_LLM	BOOL	FALSE	FALSE	low limit of manipulated value reached
31	80.0	out	LMN_P	REAL	0.000000e+000	0.000000e+000	proportionality component
32	84.0	out	LMN_I	REAL	0.000000e+000	0.000000e+000	integral component
33	88.0	out	LMN_D	REAL	0.000000e+000	0.000000e+000	derivative component
34	92.0	out	PV	REAL	0.000000e+000	0.000000e+000	process variable
35	96.0	out	ER	REAL	0.000000e+000	0.000000e+000	error signal
36	100.0	stat	sInvAlt	REAL	0.000000e+000	0.000000e+000	
37	104.0	stat	sIanteilAlt	REAL	0.000000e+000	0.000000e+000	
38	108.0	stat	sRestInt	REAL	0.000000e+000	0.000000e+000	
39	112.0	stat	sRestDif	REAL	0.000000e+000	0.000000e+000	
40	116.0	stat	sRueck	REAL	0.000000e+000	0.000000e+000	

图 5-19　背景数据块 DB2

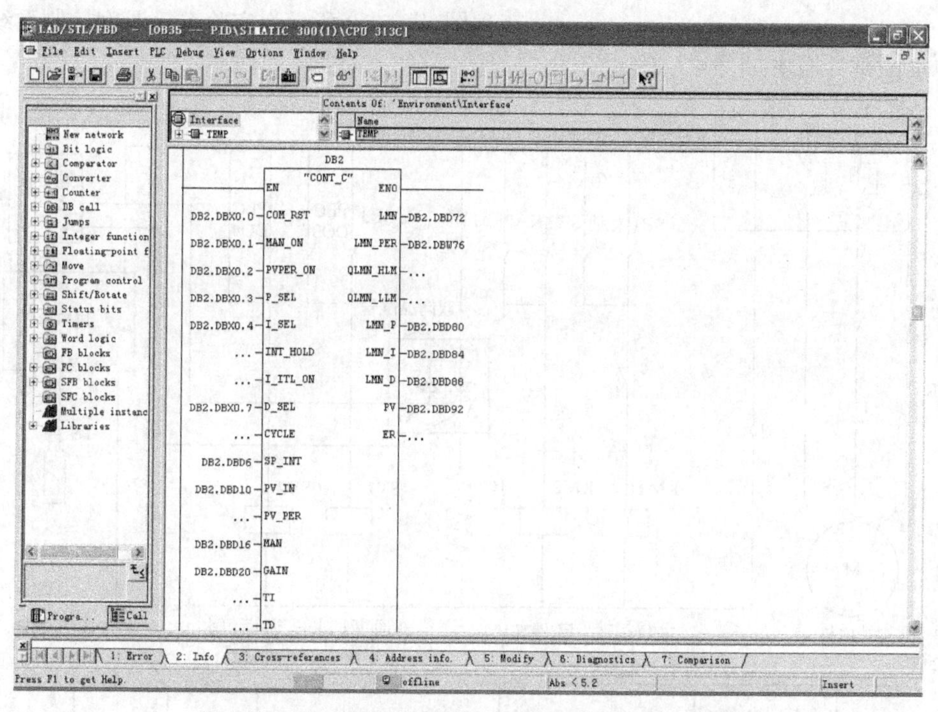

图 5-20　OB35 组织块中插入 SFB41 并指定输入参数

SP_INT 设定为浮点数格式的温度控制目标值。由于模拟量模块采集的是 I/O 格式的整型数，因此连接至 PV_PER，将开关 PVPER_ON 置为 ON，这样通过功能 CRP_IN 和 PV_NORM 就能直接将温度采集的整型数值转换为浮点数格式的数值，该值即为 PV；也可以通过专门的功能如 FC105 进行数值转换。

【任务实施】

1．列出实验水箱温度控制系统符号描述（见表 5-9）。

表 5-9　温度控制系统符号描述

序号	控制对象代号	控制对象描述	序号	控制对象代号	控制对象描述
1	M	搅拌电机	4	SV2	热水出水电磁阀
2	H	加热器	5	TS	Pt100 热电阻
3	SV1	冷水进水电磁阀			

系统 PID 闭环控制原理图见图 5-21，温度设定值与铂电阻测量的温度反馈值之差（error）经比例 P、积分 I、微分 D 运算后，输出一个模拟信号去控制加热器工作。

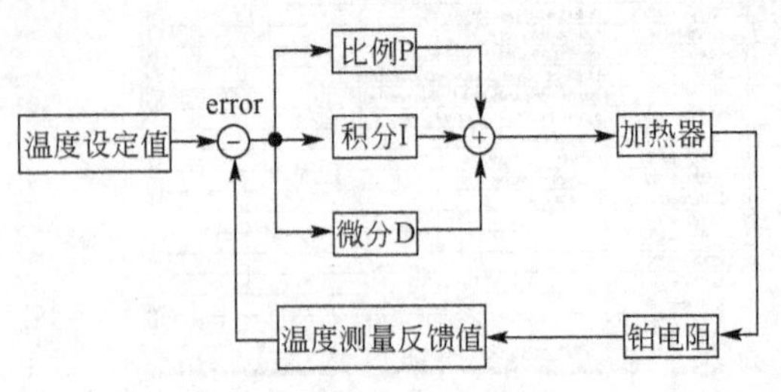

图 5-21　系统 PID 闭环控制原理图

2．绘制系统 PID 闭环控制原理图

3．进行温度控制系统的资源分配

本温度自动控制系统的核心是 PLC 及其 PID 自动控制，其 PLC 配置如下。

硬件：SIEMENS S7-300 系列之 CPU313C CPU，自带 24DI/16DO/5AI/2AO。

软件：STEP 7，V5.2。

图 5-22 所示为温度控制系统的电气控制原理图，表 5-10 所示为实验水箱温度控制系统电气控制原理图符号描述。

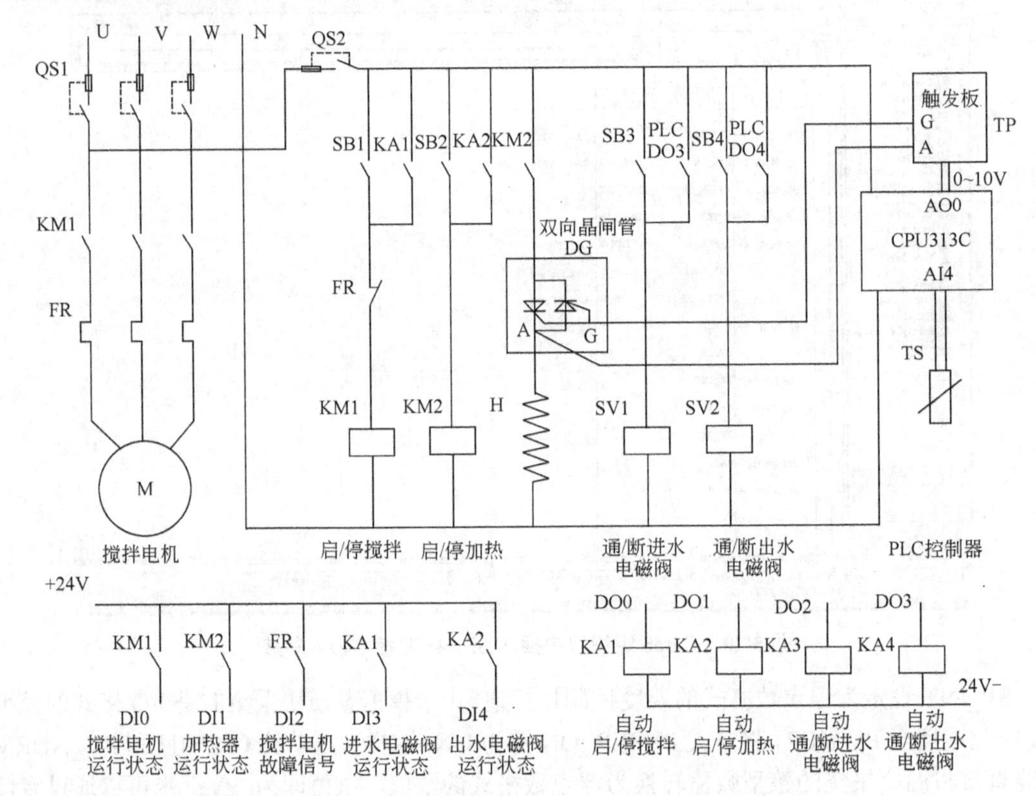

图 5-22　温度控制系统的电气控制原理图

表 5-10　实验水箱温度控制系统电气控制原理图符号描述

序号	控制对象代码	控制对象描述
1	KM1、KM2	交流接触器
2	KA1、KA2、KA3、KA4	中间接触器
3	FR	热继电器
4	SB1、SB2	二位式旋钮开关
5	DG	双向晶闸管
6	TP	触发板
7	CPU313C	PLC 的 CPU 模块（含模拟量及开关量的输入输出信号通道）
8	DI0、DI1、DI2、DI3、DI4	PLC 的开关量输入信号
9	DO0、DO1、DO2、DO3	PLC 的开关量输出信号
10	AI4	PLC 的模拟量输入信号，接 Pt100 热电阻
11	AO0	PLC 的模拟量输出信号，输出 0～10V

4．温度控制系统的 I/O 资源配置表

根据图 5-22 温度控制系统所示，各控制元件对应 I/O 变量的资源配置如表 5-11 所示。

表 5-11　温度控制系统的 I/O 资源配置

序号	名称	地址	注　释
1	DI0	I0.0	搅拌电机 M 运行状态
2	DI1	I0.1	加热器 H 加热工作状态
3	DI2	I0.2	搅拌电机故障信号
4	DI3	I0.3	进水电磁阀 SV1 工作状态
5	DI4	I0.4	出水电磁阀 SV2 工作状态
6	DO0	Q0.0	搅拌电机 M 运行
7	DO1	Q0.1	加热器 H 加热
8	DO2	Q0.2	进水阀 SV1 工作
9	DO3	Q0.3	出水阀 SV2 工作
10	AI4	IW11	水箱中水温测量值
11	AO0	QW3	PLC 控制晶闸管触发板
12		I1.0	搅拌电机 M 运行开关
13		I1.1	加热器 H 的工作开关
14		I1.2	进水阀 SV1 的工作开关
15		I1.3	出水阀 SV2 的工作开关

5．STEP7 创建温度控制项目

创建步骤如下。

① 打开 SIMATIC Manager 管理器，如果已有项目，则用菜单“File”下的“Close”命令将其关闭。在菜单“File”下选择“New”，打开“New Project”对话框，在“Name”中输入 ProTempCtr，“Type”中选择“Project”，“Storage location”中选择所建工程的存放路径，例如 D:\TemCtr，如图 5-23 所示。单击 OK 退出该对话框。

② 这时 SIMATIC Manager 中已生成一个空的项目。右击空白处，弹出插入新对象“Insert New Object”的弹出式菜单，如图 5-24 所示，选择插入“SIMATIC 300 Station”。点击“+”号展开，这时项目 ProTempCtr 下多了一项 SIMATIC 300（1），选中 SIMATIC 300（1），双击右侧浏览区域中的“Hardware”，打开一个空白的“HW Config”对话框。

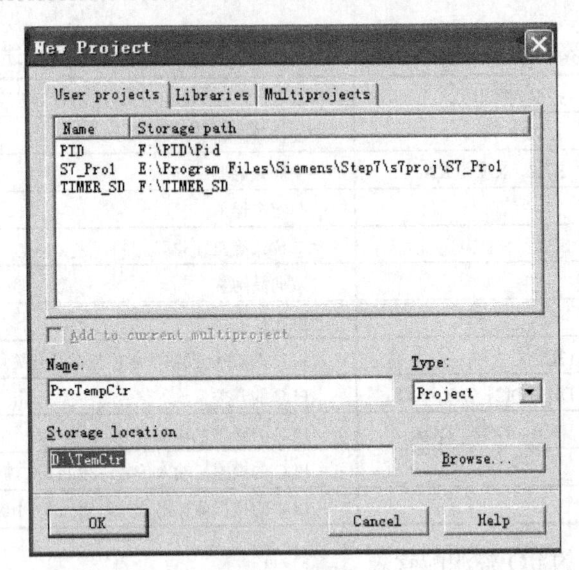

图 5-23　创建项目

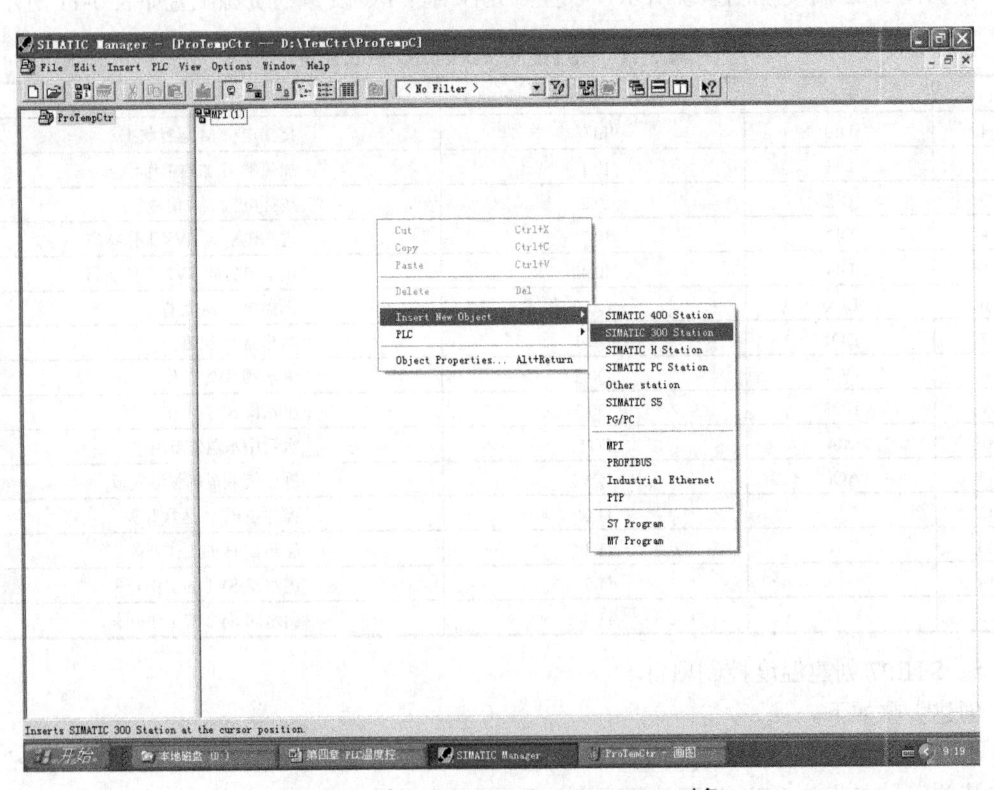

图 5-24　插入 SIMATIC 300 STATION 对象

③ 在“HW Config”对话框中展开右上角窗口中的“SIMATIC 300”，再展开“RACK 300”项，将 Rail 拖至左边空白区，即插入了一个基架。接着依次展开“CPU-300”、“CPU 313C”，将“6ES7 313-5BE00-0AB0”拖至基架第二行，结果如图 5-25 所示。在菜单“Station”下选择“Save and Compile”，运行后系统自动在 SIMATIC Manager 的项目 ProTempCtr 下生成了 CPU313C 项，其中包括 Blocks 项，见图 5-26。

至此，项目就创建完成了。

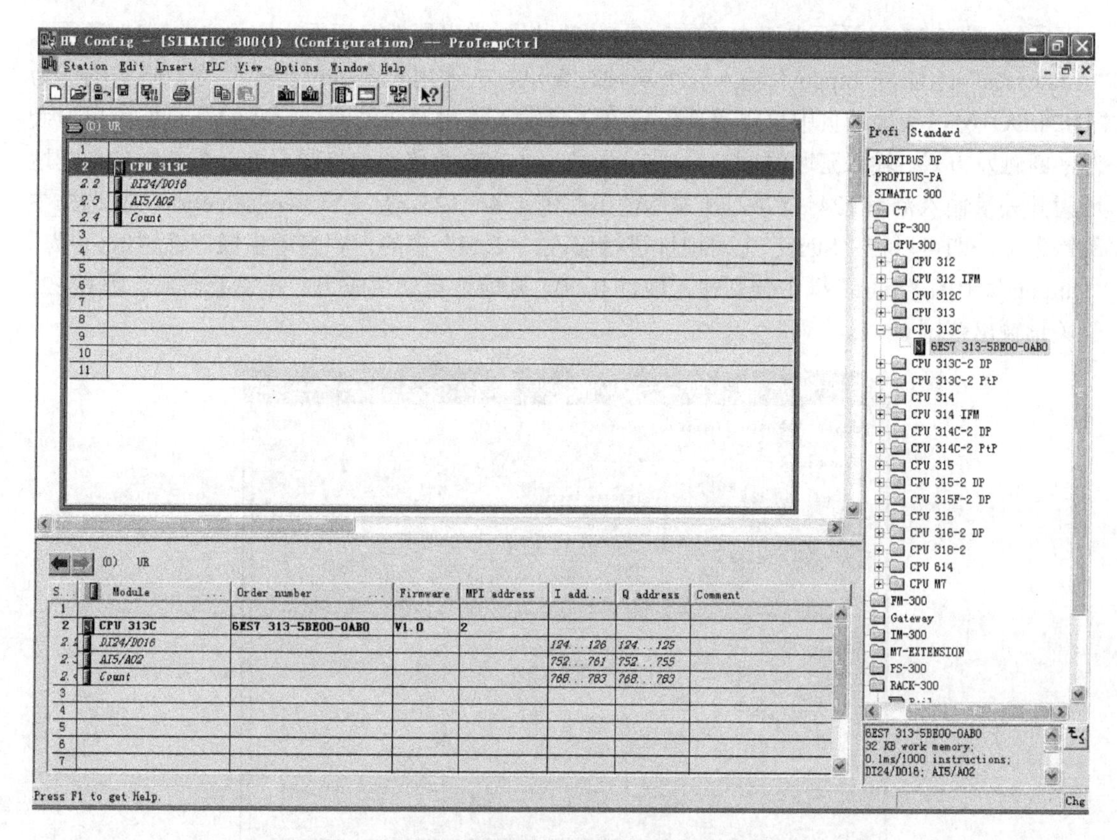

图 5-25　插入 CPU313C 对象

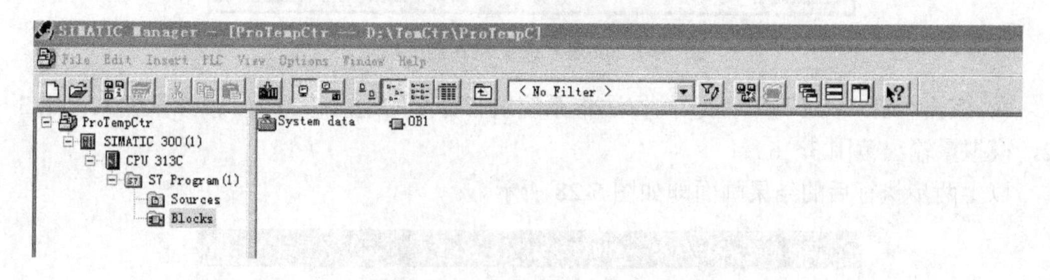

图 5-26　含有 Blocks 项的界面

6．通过 HW Config 进行硬件组态

如图 5-25 所示，可以对 S7-300 PLC 进行硬件组态，如添加数字量输入输出模块、模拟量输入输出模块及通信模块等，方法同上面添加 CPU313C 模块的方法相同，即只要在图 5-25 右侧的设备库中展开需要的模块即可。也可以对 CPU 及输入输出模块的属性进行设置。

本系统采用的 CPU 模块本身已具有 24 路开关量输入、16 路开关量输出、5 路模拟量输入和 2 路模拟量输出，完全可以完成系统控制功能的要求，因此不必再添加其他开关量及模拟量模块。

CPU313C 模块的具体 I/O 配置为：DI24×DC24V/16DO×DC24V/AI5×12Bit/AO2×12Bit，AI 第 0～3 通道为电压或电流输入，第 4 通道为二线制的 R 或 RTD（Pt100）方式。

根据 I/O 资源分配表，需在“HW Config”对话框中对 CPU313C 模块进行组态，具体步骤如下。

① 在图 5-25 对话框中双击“DI24/DO16”栏，弹出属性对话框，有“General”通用、“Addresses”地址、“Inputs”输入三个属性设置页。在通用页中可以更改名称，缺省的即为“DI24/DO16”，在地址页中可以重新设置开关量输入输出模块的地址，在输入页面可以对硬件中断触发方式、输入延时时间参数进行设置。图 5-27 为修改地址的页面，系统缺省分配地址为开关量输入范围 124～126，开关量输出范围 124～125，把“System selection”复选框中的钩去掉，即可以在“Start”中对地址进行修改，“End”中的内容自动生成。在“Inputs”、“Outputs”中的“Start”框中分别输入地址 0、0，则地址自动生成为：开关量输入范围 0～2，开关量输出范围 0～1。

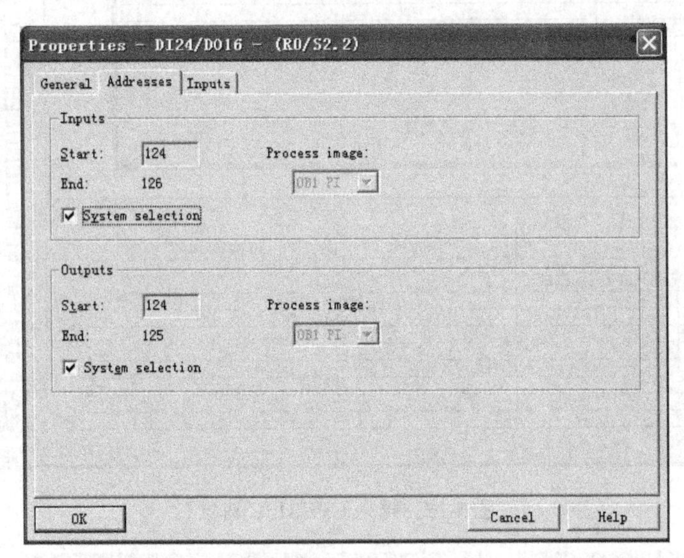

图 5-27 设置开关量输入输出地址

② 双击“AI5/AO2”栏，同①的方法将系统缺省分配的地址修改为：模拟量输入范围 3～12，模拟量输出范围 3～6。

以上两步执行后的结果画面即如图 5-28 所示。

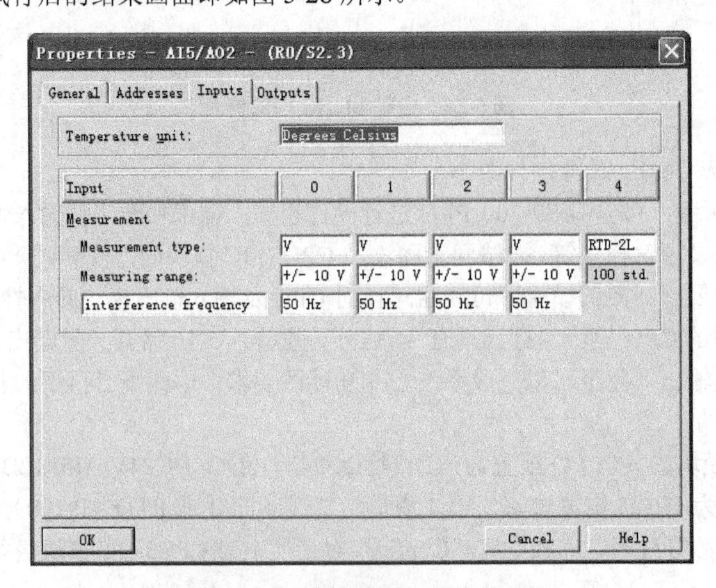

图 5-28 修改模拟量输入模块的量程

③ 将双击“AI5/AO2”后弹出的对话框切换至“Inputs”页，在温度单元选择为“Degrees Celsius”即摄氏温度，第 4 通道的测量类型选择为“RTD-2L”，测量范围自动调整为“Pt100 std”且不可修改。如图 5-28 所示。

④ 将上面的对话框切换至“Outputs”页，将第 0 通道的输出量程修改为 0～10V。

修改 CPU313C 属性的步骤如下。

① 在图 5-25 对话框中双击“CPU 313C”，弹出 CPU 313C 的属性对话框，见图 5-29。点击“Properties”，弹出修改 CPU 地址的对话框，如图 5-30 所示，在“Address”中可选择地址，缺省的地址是 2。

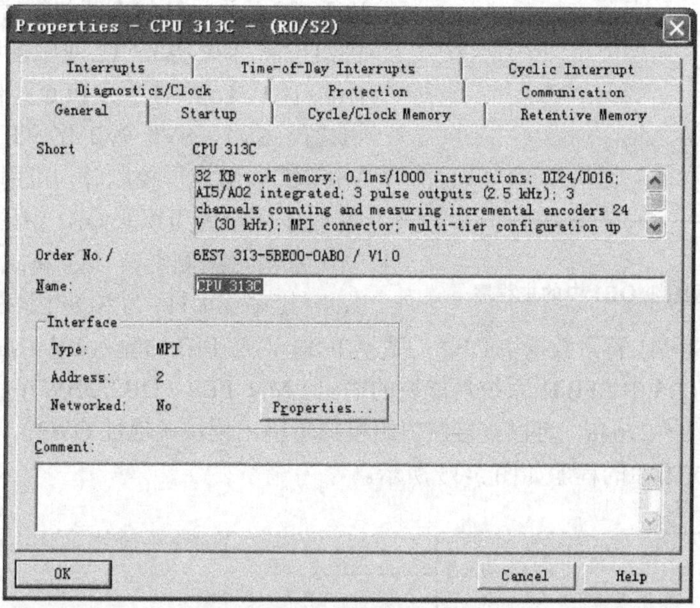

图 5-29 修改 CPU 313C 的属性

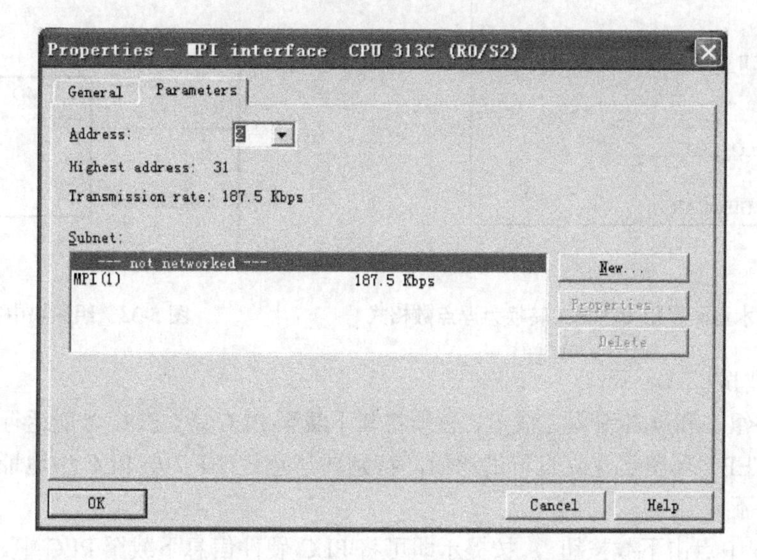

图 5-30 CPU 313C 地址修改对话框

② 对定时循环中断组织块 OB35 进行属性设置，选择图 5-18 中“Cyclic Interrupt”页，

中断时间设置为 1000，单位为 ms，如图 5-18 所示。

③ 其他选项可根据需要进行设置。

最后需对组态的内容进行保存。

系统编程用到组织块 OB100、OB35、OB1。在 OB100 中对参数进行初始化，如对 PID 控制模块 SFB41 的初始化，循环定时中断 OB35 主要对 SFB41 进行操作，系统中 I0.0、I0.1、I0.2、I0.3、I0.4 为运行状态或故障信号，一般送上位机组态软件如 WinCC 或触摸屏中进行监视。I1.0、I1.1、I1.2、I1.3 为 PLC 控制电机、加热器、电磁阀 SV1、SV2 等工作的开关信号，当采用 WinCC 或触摸屏控制时，可用内存变量代替。图 5-31 所示为组织块 OB1 中的主程序。

PLC控制搅拌电机运行程序：

I1.0 Q0.0

PLC控制加热器运行程序：

I1.1 Q0.1

PLC控制进水电磁阀SV1工作程序：

I1.2 Q0.2

PLC控制出水电磁阀SV2工作程序：

I1.3 Q0.3

图 5-31 组织块 OB1 中的主程序

水箱水温测量值 I/O 格式转换为浮点数格式，其中 IW11 为铂电阻采集的模拟值，DB2.DBD10 为 SFB41 背景数据块 DB2 的数据单元，对应 PID 的输入 PV_IN。如图 5-32 所示。

在组织块 OB35 中 SFB41 系统功能块的输出 LMN_PER（DB2.DBW76）为 I/O 格式的输出，数值范围为 0～27648，可以直接赋值给模拟量输出模块（地址 QW3），对应电压输出范围为 0～10V，OB1 中的程序如图 5-33 所示。

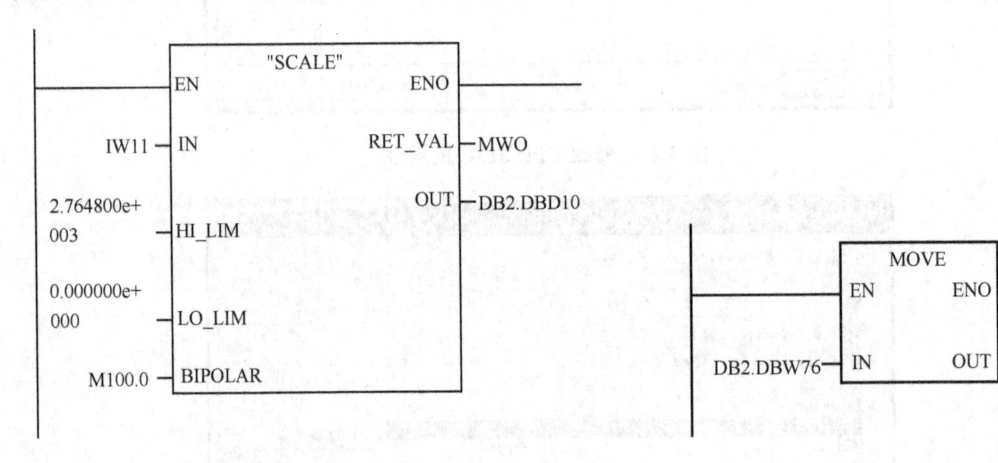

图 5-32 水箱水温测量值 I/O 格式转换为浮点数格式 **图 5-33 组织块中的主程序**

7. 下载调试

PLC 硬件组态和软件编程完成后，必须将其下载至 PLC 中，PLC 才能运行。前提是 PLC 与 PC 机的 STEP 7 环境已建立良好的通信，特别要注意 STEP 7 与 PLC 中地址的一致。

（1）硬件下载

在图 5-26 中点击下载按钮 ，按提示即可将 PLC 硬件信息下载至 PLC 中。

（2）软件下载

本系统中软件下载包括下载组织块 OB1、OB35、OB100，背景数据块 DB2，功能 FC105，系统功能块 SFB41 等内容。

可以对图 5-34 中的对象一个一个下载，方法为选中所需下载的对象后点击，按提示将信息下载至 PLC 中，也可以单击鼠标右键，选中 PLC 菜单下的“Download”进行下载。也可以一次将所有程序下载至 PLC 中，方法为右击图 5-33 中的“Blocks”项，然后点击下载按钮，按提示将信息下载至 PLC 中，也可以单击鼠标右键，选中 PLC 菜单下的“Download”进行下载。

PID
SIMATIC 300(1)
CPU 313C
S7 Program(1)
Sources
Blocks
SIMATIC 300(2)

Object name	Symbolic name	Created in lang...	Type	Size in the wor...	Author	Name (Header)
System data	---	---	SDB	---	---	---
OB1		LAD	Organization Block	112		
OB35	CYC_INT5	LAD	Organization Block	382		
OB100	COMPLETE RESTART	STL	Organization Block	50		
FC1	DP_SEND	STL	Function	886	SIMATIC	DP_SEND
FC83	16 Bit Bin Multiply	STL	Function	108	AUT_1	MUL_16
FC105	SCALE	STL	Function	244	SEA	SCALE
DB2		DB	Data Block	162	SIMATIC	
VAT_1	VAT_1		Variable Table	---		
SFB41	CONT_C	STL	System function ...	---	SIMATIC	CONT_C

图 5-34　软件下载的内容

（3）系统调试

需对 PID 控制器设置初值 SP_INT，即水箱期望控制的温度值，在图 5-34 的 DB2.DBD6 单元中进行设置。该对话框通过点击图形编辑器中“PLC”菜单下的“Monitor/Modify Variables”选择项打开。

参数 P、I、D 分别在图 5-35 的 DB2.DBD20、DB2.DBD24、DB2.DBD28 单元中进行设置。当然，在本系统中，完全可以考虑采用 PI 调节的方式。

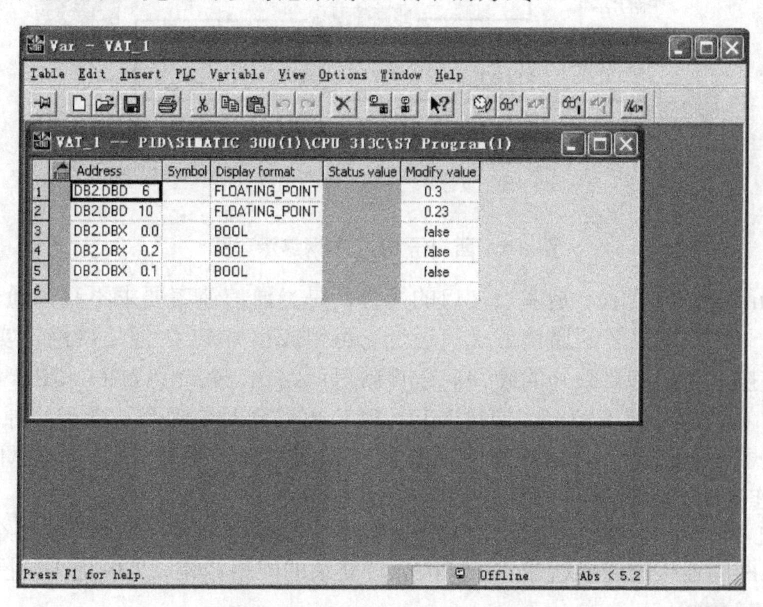

图 5-35　调试参数的输入窗口

当采用 WinCC 或触摸屏对该温度控制系统进行监控时，期望温度值、PID 参数等的设定就可根据 WinCC 或触摸屏的 HMI（Human Machine Interface）人机操作界面进行设置或更改，非常方便。

学习情境六

组建 S7-300PLC 通信网络

【情境描述】

通信是 PLC 应用过程中非常重要的部分，本情境重点介绍 MPI 通信的基本概念，组建 MPI 网络的基本方法，分别介绍无组态的单边通信和双边通信的方法，详细介绍全局数据通信的实现过程。图 6-1 描述了西门子 PLC 的网络组建。

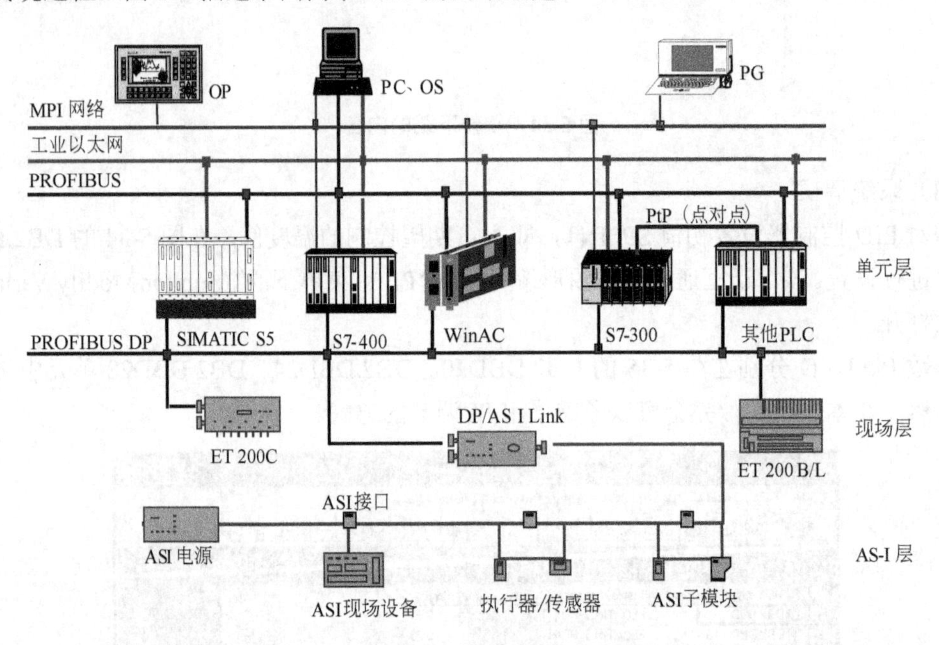

图 6-1　西门子 PLC 的网络示意图

MPI(Multi Point Interface)是多点接口的简称，是当通信速率要求不高，通信数据量不大时可以采用的一种简单经济的通信方式。通过它可组成小型 PLC 通信网络，实现 PLC 之间的少量数据交换，它不需要额外的硬件和软件就可网络化。每个 S7-300 CPU 都集成了 MPI 通信协议,MPI 的物理层是 RS485。通过 MPI，PLC 可以同时与多个设备建立通信连接，这些设备包括编程器 PG 或运行 STEP7 的计算机 PC、人机界面（HMI）及其他 SIMATIC S7、M7 和 C7。同时连接的通信对象的个数与 CPU 的型号有关。

仅用 MPI 接口构成的网络称为 MPI 分支网络（或 MPI 网络）。两个或多个 MPI 分支网络由路由器或网间连接器连接起来，就能构成较复杂的网络结构，实现更大范围的设备互连。

【知识链接】

一、MPI 网络连接规则及硬件介绍

构建 MPI 网络时应遵从下述连接“规则”。

① MPI 网络可连接的节点。凡能接入 MPI 网络的设备均称为 MPI 网络的节点。可接入的设备有编程装置（PG/个人计算机 PC）、操作员界面（OP）、S7/M7 PLC。

② 为了保证网络通信质量，组建网络时在一根电缆的末端必须接入浪涌匹配电阻，也就是一个网络的第一个和最后一个节点处应接通终端电阻。

③ 两个终端电阻之间的总线电缆称为段(Segments)。每个段最多可有 32 个节点（默认值 16），每段最长为 50m（从第一个节点到最后一个节点的最长距离）。

④ 如果覆盖节点距离大于 50m，可采用 RS485 中继器来扩展节点间的连接距离。如果在两个 RS485 中继器之间没有其他节点，那就能在两个中继器之间设一条长达 1000m 的电缆，这是两个中继器之间的最长电缆长度。连接电缆为 PROFIBUS 电缆（屏蔽双绞线），网络插头（PROFIBUS 接头）带有终端电阻，如果用其他电缆和接头不能保证标称的通信距离和通信速率。

⑤ 如果总线电缆不直接连接到总线连接器（网络插头），而必须采用分支线电缆时，分支线的长度是与分支线的数量有关的，一根分支线时最大长度可以是 10m，分支线最多为 6 根，其长度限定在 5m。

⑥ 只有在启动或维护时需要用的那些编程装置才用分支线把它们接到 MPI 网络上。

⑦ 在将一个新的节点接入 MPI 网络之前，必须关掉电源。

二、MPI 网络参数及编址

MPI 网络符合 RS 485 标准，具有多点通信的性质，MPI 的波特率固定地设为 187.5kbps(连接 S7-200 时为 19.2kbps)。每个 MPI 网有一个分支网络号，以区别不同的 MPI 分互网；在 MPI 分互网或称 MPI 网上的每一个节点都有一个网络地址，称为 MPI 地址。

三、MPI 网络连接部件

连接 MPI 网络常用到两种部件：网络插头和网络中继器。这两种部件也可用在 PROFIBUS 现场总线中。

1. 网络插头（LAN 插头）

网络插头是节点的 MPI 口与网电缆之间的连接器。网络插头有两种类型，一种带 PG 插座，一种不带 PG 插座。

2. 网络中继器（RS485）

网络中继器可以放大信号并带有光电隔离，所以可用于扩展节点间的连接距离(最多增大 20 倍)；也可用作抗干扰隔离，如用于连接下接地的节点和接地的 MPI 编程装置的隔离器。对于 MPI 网络系统，在接地的设备和不接地的设备之间连接时，应该注意 RS485 中继器的连接与使用。

四、设置 MPI 参数

设置 MPI 参数可分为两部分：PLC 侧和 PC 侧 MPI 的参数设置。

1. PLC 侧参数设置

在通过 HW Config 进行硬件组态时双击“CPU313C”后出现如图 6-2 所示界面。

再点击图中的“Properties”按钮来设置 CPU 的 MPI 属性，包括地址及通信速率，具体操作如图 6-3 所示。

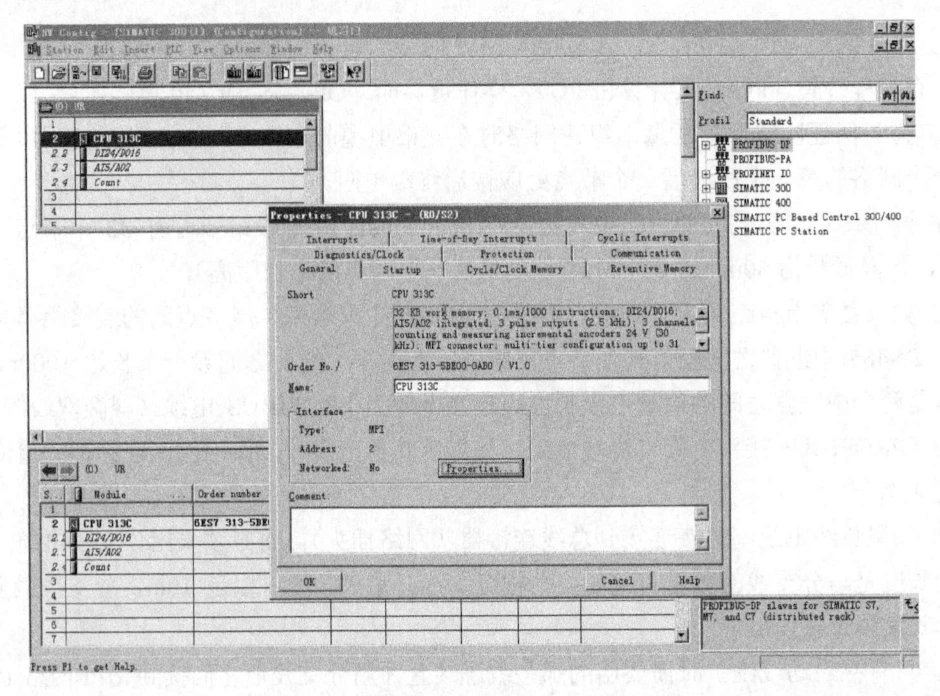

图 6-2 “HW Config”对话框中配置硬件

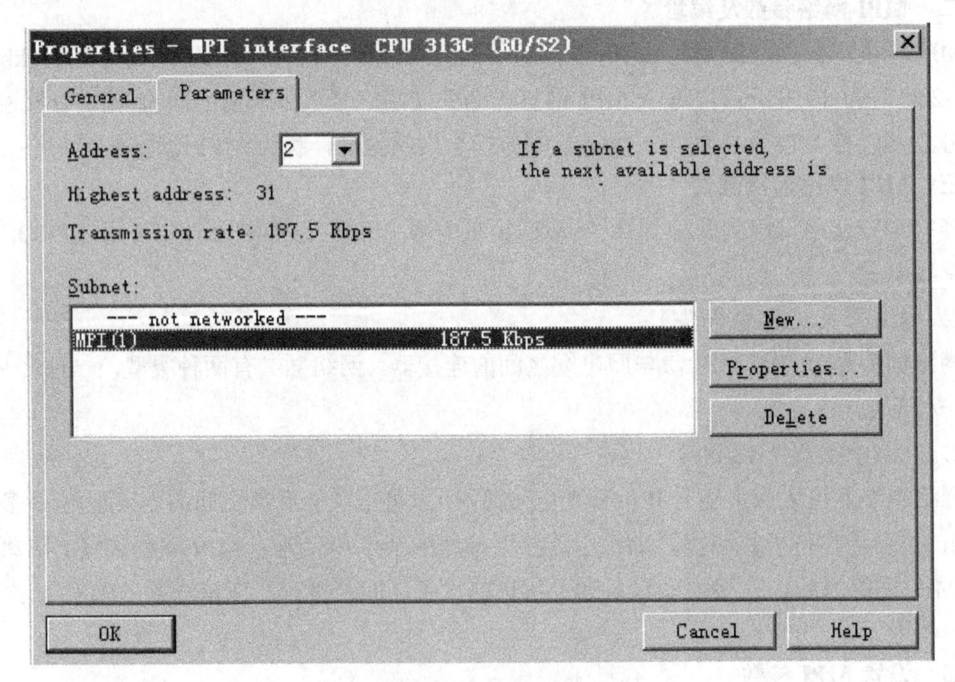

图 6-3 设置 CPU 的 MPI 属性

在通常应用中不要改变 MPI 通信速率。注意在整个 MPI 网络中通信速率必须保持一致，且 MPI 站地址不能冲突。

2．PC 侧参数设置

在 PC 侧同样也要设置 MPI 参数，在 STEP7 软件 SIMATIC Manager 界面下点击菜单“Options”选项的“Set PG/PC Interface”（或“控制面板”中选中“Set PG/PC Interface”），例

如用 CP5611 作为通信卡，选择“CP5611（MPI）”后点击 OK 即可。设置完成后，将 STEP7 中的组态信息下载到 CPU 中。

任务一 全局数据块进行 MPI 通信

【任务描述】

在 MPI 网络中的各个中央处理单元(CPU)之间能相互交换少量数据，只需关心数据的发送区和接收区,这一过程称作全局数据块通信。全局数据块的通信方式是在配置 PLC 硬件的过程中,组态所要通信的 PLC 站之间的发送区和接收区,不需要任何程序处理,这种通信方式只适合 S7-300/400 PLC 之间相互通信。

【任务实施】

1．硬件和软件需求

硬件：CPU313C MPI 电缆。

软件：STEP 7 V5.2 SP2。

2．网络组态及参数设置步骤

（1）建立 MPI 网络

在 STEP 7 中建立一个新项目，如 MPIEXE1_GD，如图 6-4 所示。在此项目下插入两个 PLC 站，分别为 STATION1(CPU313C)和 STATION2(CPU313C)，并分别插入 CPU 完成硬件组态，建立 MPI 网络并配置 MPI 的站地址和通信速率，本任务中 MPI 的站地址分别设置为 2 号站和 4 号站，通信速率为 187.5kbps。

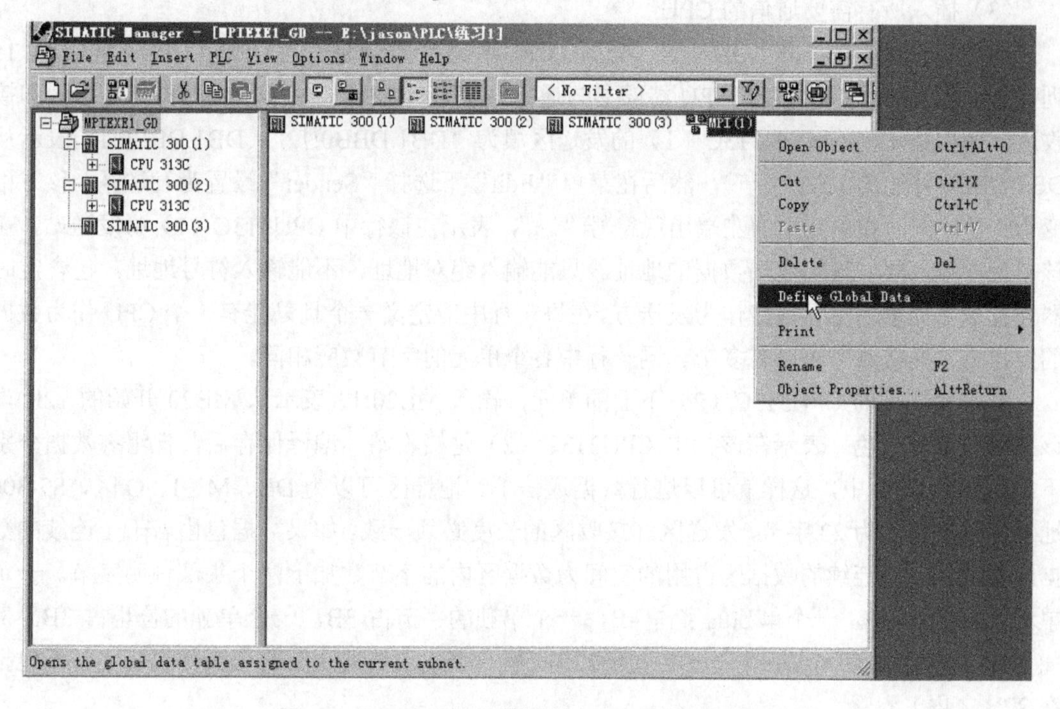

图 6-4 “MPI（1）”选择“Define Global Data”

（2）组态数据的发送区和接收区

右击“MPI（1）”或选择“Options”项下的“Define Global Data”进入组态画面，如图 6-5 所示。

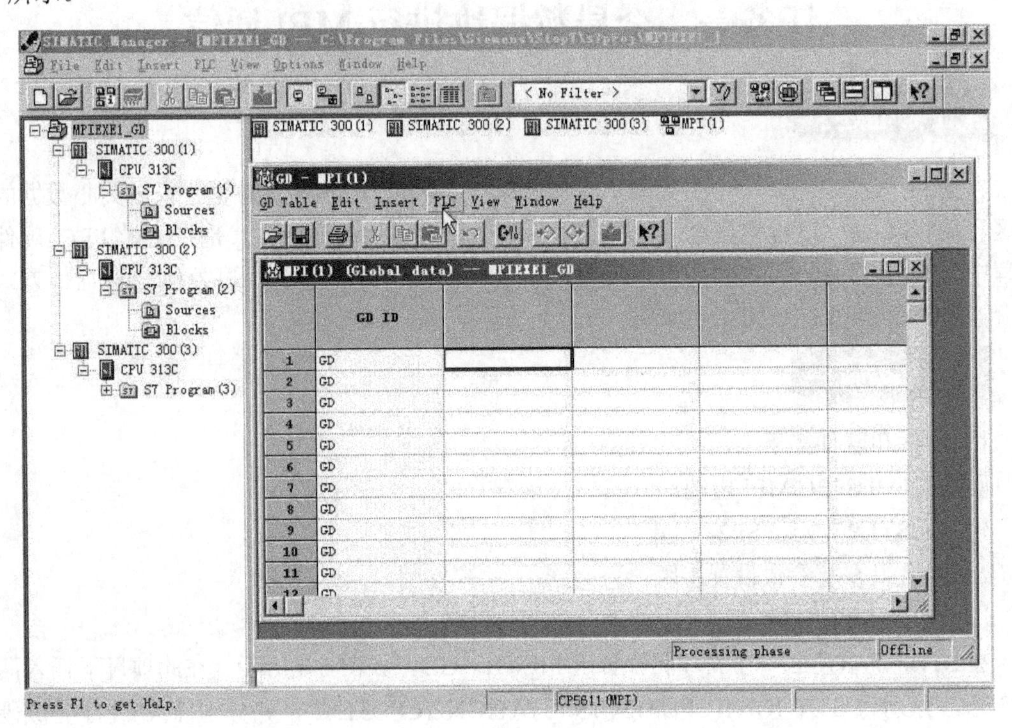

图 6-5 选择“Define Global Data”进入组态画面

（3）插入所有需要通信的 CPU

如图 6-6 所示，双击“GD ID”右边的 CPU 栏选择需要通信的 CPU。CPU 栏总共有 15 列，这就意味着最多有 15 个 CPU 能够参与通信。在每个 CPU 栏底下填上数据的发送区和接收区，例如第一列的 CPU313C（1）的发送区填为“DB1.DBB0:12”（DB1.DBB0:12 表示从 DB1.DBB0 开始的 12 个字节），然后在菜单“Edit”下选择“Sender”设置为发送区，该方格变为深色，同时在单元中的左端出现符号“＞”，表示在该行中 CPU313C（1）为发送站，在该单元中输入要发送的全局数据的地址。只能输入绝对地址，不能输入符号地址。包含定时器和计数器地址的单元只能作为发送方。在每一行中应定义一个且只能有一个 CPU 作为数据的发送方，而接收方可以有多个。同一行中各个单元的字节数应相同。

点击第二列的 CPU313C（2）下面的单元，输入 MB20:12(表示从 MB20 开始的 12B)，该格的背景为白色，表示在该行中 CPU313C（2）是接收站。编译保存后，把组态数据分别下载到相应 CPU 中，这样就可以进行数据通信了。地址区可以为 DB、M、I、Q 区，S7-300 地址区长度最大为 22 字节，发送区和接收区的长度必须一致。如果数据包由若干个连续的数据区组成，一个连续的数据区占用的空间为数据区内的字节数加上两个头部说明字节。一个单独的双字占 6B，一个单独的字占 4B，一个单独的字节占 3B，一个单独的位也占 3B。例如 DB2.DBB0:10 和 QW0：5 一共占用 22B（第一个连续数据区的两个头部说明字节不包括在 22B 之内）。

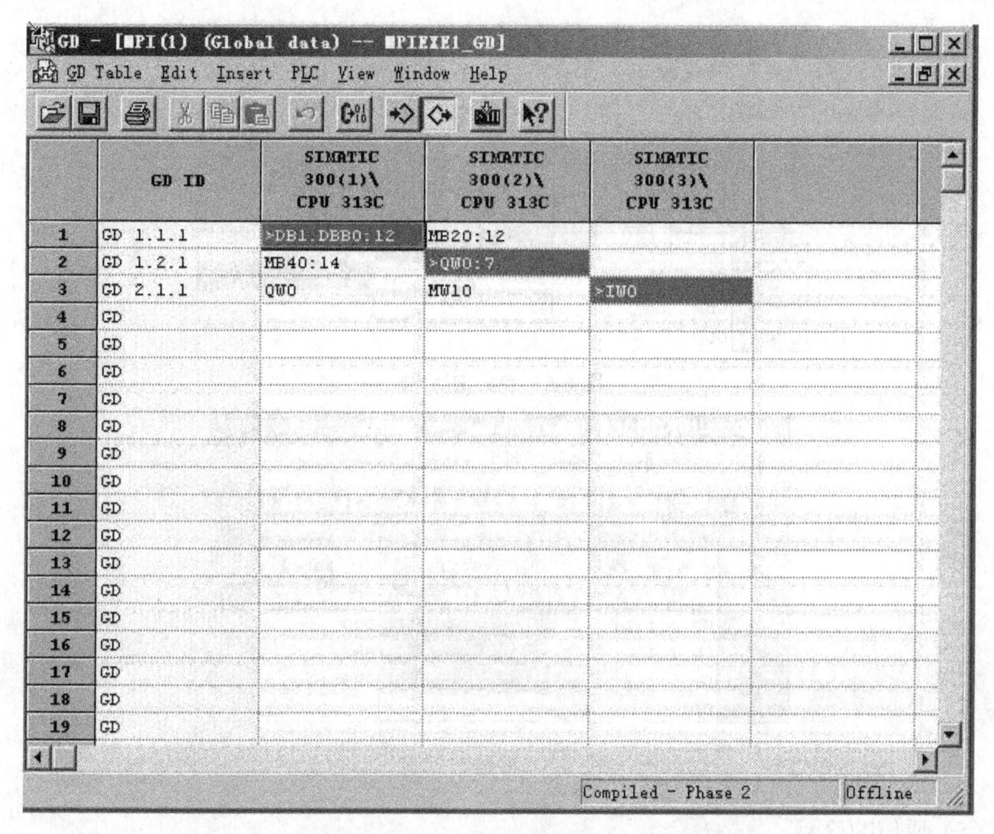

图 6-6　各个 CPU 栏底下设置数据的发送区和接收区

（4）多 CPU 通信

多 CPU 通信首先要了解 GD ID 参数,编译以后,每行通信区都会有 GD ID 号，如图 6-7 所示。

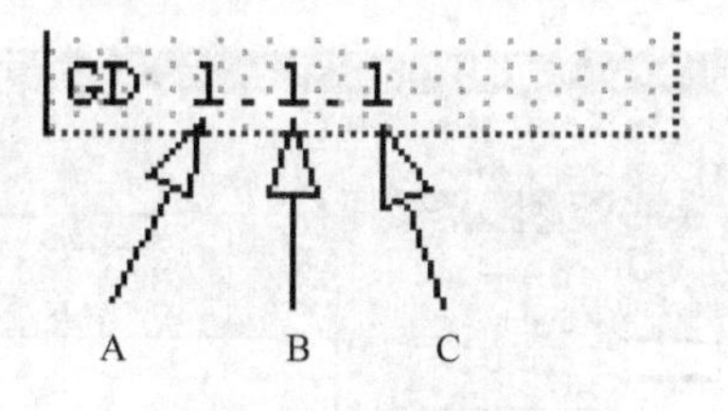

图 6-7　GD ID 参数

① 参数 A　全局数据块的循环数。每个循环数表示和一个 CPU 通信。例如 S7-300 CPU 通信，两个发送与接收是一个循环，图中 CPU313C（1）和 CPU313C（2）组成 1 号 GD 环，两个 CPU 向对方发送 GD 包，同时接收对方的 GD 包，相当于全双工点对点通信方式。支持的循环数与 CPU 有关，S7-300 CPU 最多为 4 个，即最多能和 4 个 CPU 通信。

② 参数 B　全局数据块的个数。表示一个循环有几个全局数据块，例如两个 S7 站相互通信，一个循环有两个数据块，如图 6-8 所示。

③ 参数 C　一个数据包里的数据区数。参考图 6-9，CPU313C SIMATIC 300（1）的 CPU 发送 3 组数据到 SIMATIC 300（2）的 CPU，3 个数据区是一个数据包。

对于参数 A、B、C 的介绍只是为了优化数据的接收区和发送区，减少 CPU 的通信负载。简单应用可以不用考虑这些参数，GD ID 编译后会自动生成。

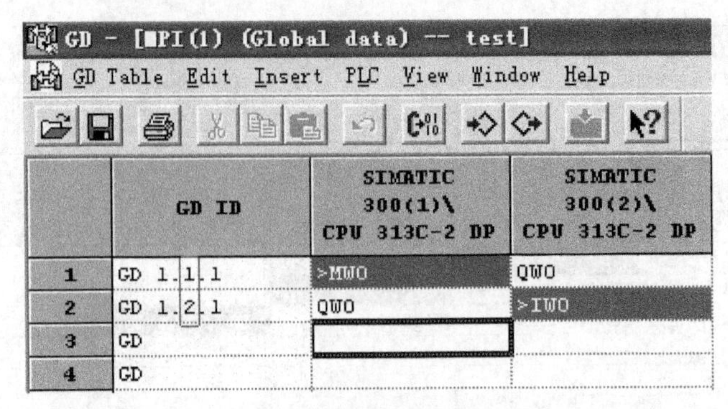

图 6-8 参数 B 示例

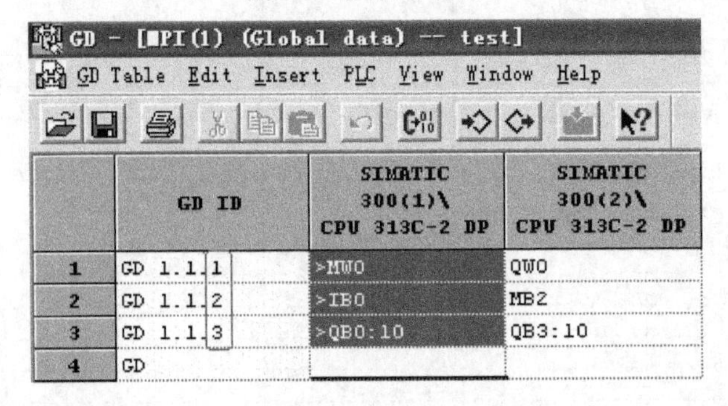

图 6-9 参数 C 示例

（5）通信的诊断

在多个 CPU 通信时，有时通信会中断，可通过下述方法进行检测。

在编译完成后，在菜单“View”中分别点击“Scan Rates”和“GD Status”，可以查看扫描系数和状态字，如图 6-10 所示。

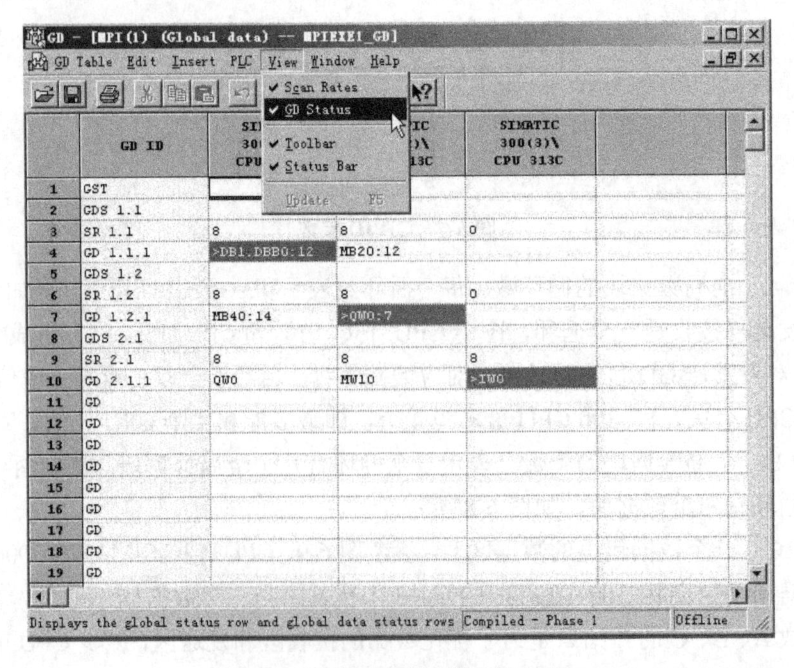

图 6-10 查看扫描系数和状态字

① SR：扫描频率系数。图中，SR1.1 为 225，表示发送更新时间为 225×CPU 循环时间，SR 范围为 1～225。通信中断的问题往往是因扫描时间设置得过快引起的，可根据需要适当增大。

② GDS：每包数据的状态字（双字）。

③ GST：所有 GDS 进行逻辑或运算的结果。用 CP5511/5611 等通信卡可以首先诊断接线是否可靠，如上例中 S7-300（1）MPI 地址是 2，S7-300（2）MPI 地址是 4，用 CP 通信卡连接到 MPI 网上（必须是带有编程口的 PROFIBUS 总线连接器）可以读出 2、4 号站地址，具体方法是依次点击“控制面板”→“Set PG/PC Interface”→“Diagnostics（诊断）”→“Read”读出所有在网上的站地址。0 号站为 CP5611 的站地址，如果没有读出 2、4 号站地址，说明硬件连接或软件设置有问题，需要进一步具体分析。

（6）事件触发的数据传送

如果需要控制数据的发送与接收，比如在某一事件或某一时刻，接收和发送所需要的数据，这时将用到事件触发的数据传送方式。这种通信方式是通过调用 CPU 的系统功能 SFC60（GD_SND）和 SFC61（GD_RCV）来完成的，而且只支持 S7-400 的 CPU，并且相应设置 CPU 的 SR（扫描频率）为 0。

任务二 建立三个 S7-300 之间的 MPI 通信

【任务描述】

多个 S7-300 之间的 MPI 通信方法在实际工业控制中非常普遍，现以一个 313C 为主站，另两个 313C 为从站，实现三个 S7-300PLC(CPU313C)构成的 MPI 通信。

【任务实施】

1. 通信要求/硬件连接

① 通信要求：三个 S7-300PLC(CPU313C)构成 MPI 通信，要求：按下第一站的按钮 I2.0，第二站的指示灯 Q1.0 和第三站的 Q0.1 会被点亮；松开按钮则会熄灭。按下第二站的按钮 I2.1 控制第一站的指示灯 Q0.0 以 2.5Hz 的频率闪烁。

② 硬件连接：三个 CPU313C 的 PLC 站通过 MPI 电缆连接成 MPI 网。

2. 通过 HW Config 进行硬件组态

在 STEP 7 的 SIMATIC Manager 界面下建立一个新项目，如项目名为“MPIEXE1_GD”，在此项目下插入三个 300 Station PLC 站，分别为 SIMATIC 300(1) 、SIMATIC 300(2)和 SIMATIC 300(3)，分别双击三个站的“Hardware”并分别插入机架 Rail 和正确序列号的 CPU。如图 6-11、图 6-12 所示。

下面再分别双击各站的“CPU313C”，如图 6-13 所示，点中“Properties”建立 MPI 网络并配置 MPI 的站地址和通信速率，本例中 MPI 的站地址分别设置为 2 号站、4 号站和 6 号站，通信速率为 187.5kbps。如图 6-14、图 6-15 所示。

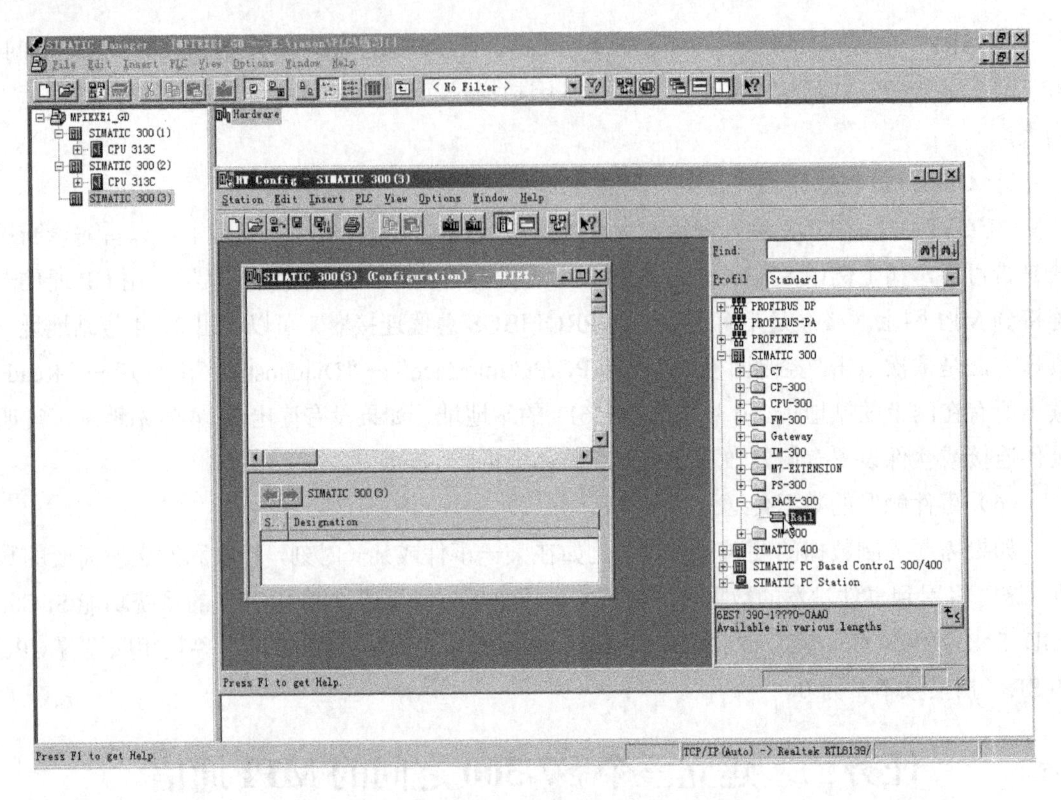

图 6-11 创建多 S7-300 CPU 通信项目

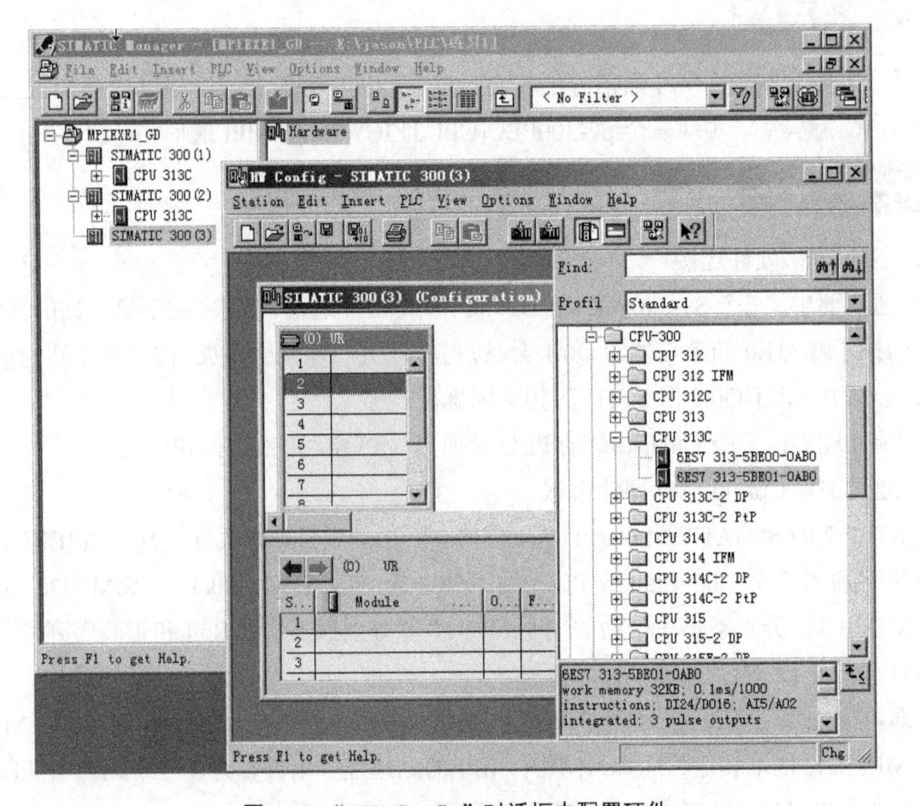

图 6-12 “HW Config”对话框中配置硬件

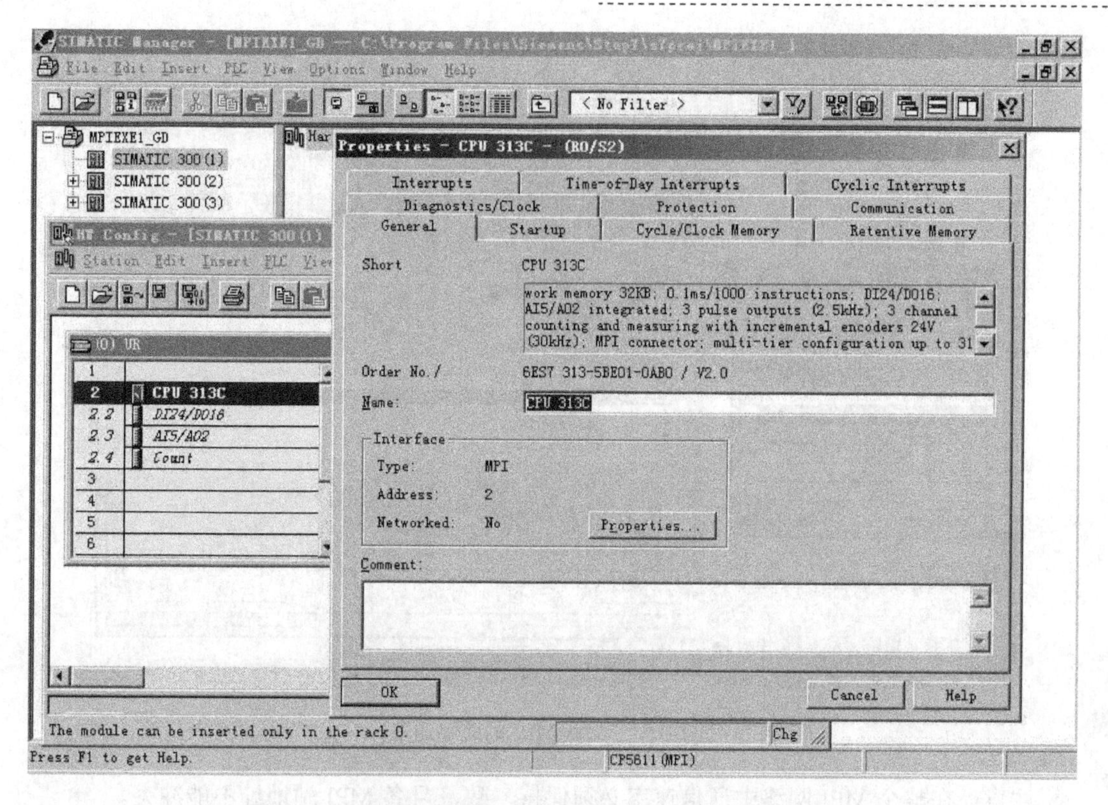

图 6-13　分别双击各站的“CPU313C”点中“Properties”

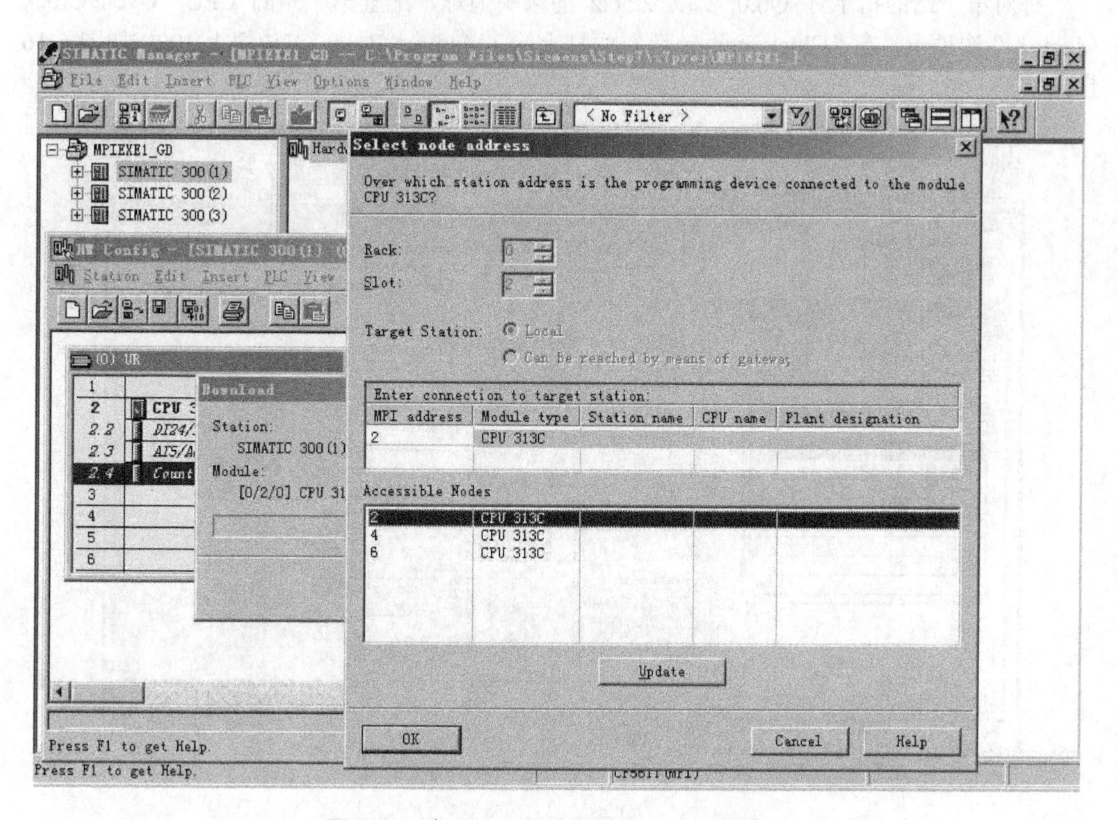

图 6-14　建立 MPI 网络并配置 MPI 的站地址

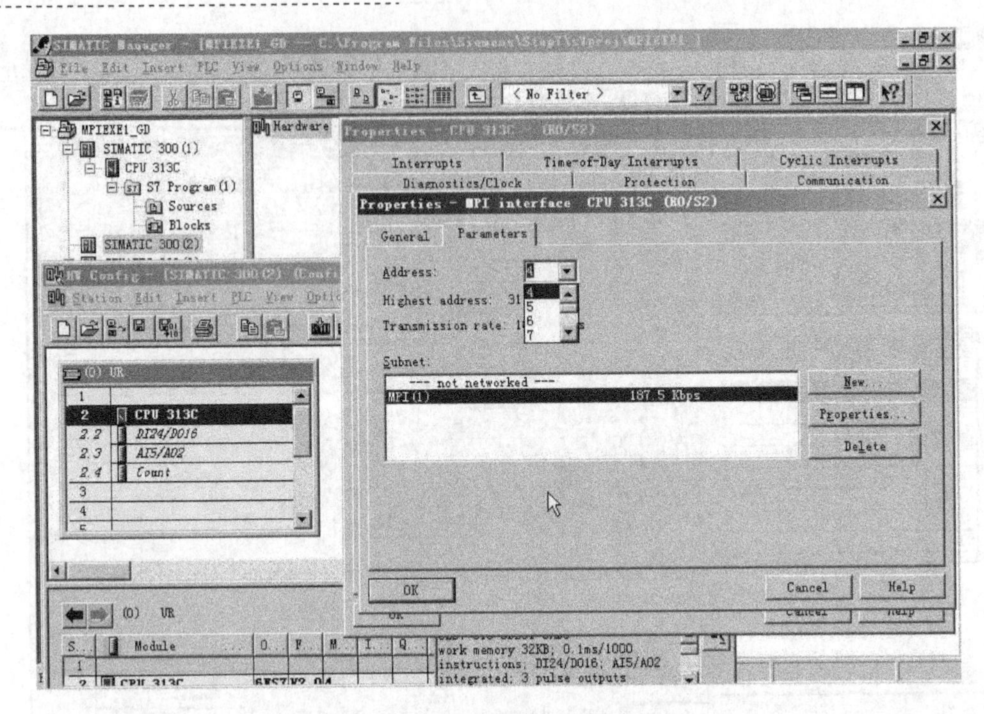

图 6-15 配置 MPI 的通信速率

注意：在整个 MPI 网络中通信速率必须保持一致，且各 MPI 站地址不能冲突。

针对第一站的指示灯 Q0.0 要以 2.5Hz 的频率闪烁，配置第一站的 CPU “Cycle/Clock Memory” 选项卡，在 “Clock memory” 左面打上钩，Memory Byte：右边填上 100，如图 6-16 所示。

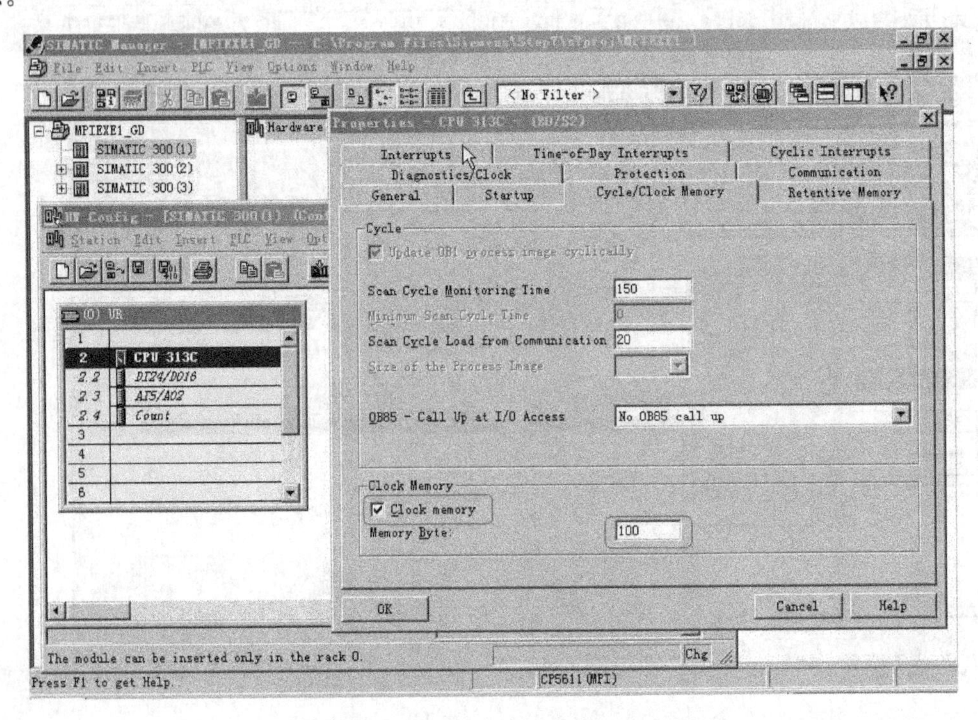

图 6-16 配置 CPU “Cycle/Clock Memory” 选项卡

在“Addresses”选项卡上把“Input”和“Output”的起始地址改成 0，如图 6-17 所示。

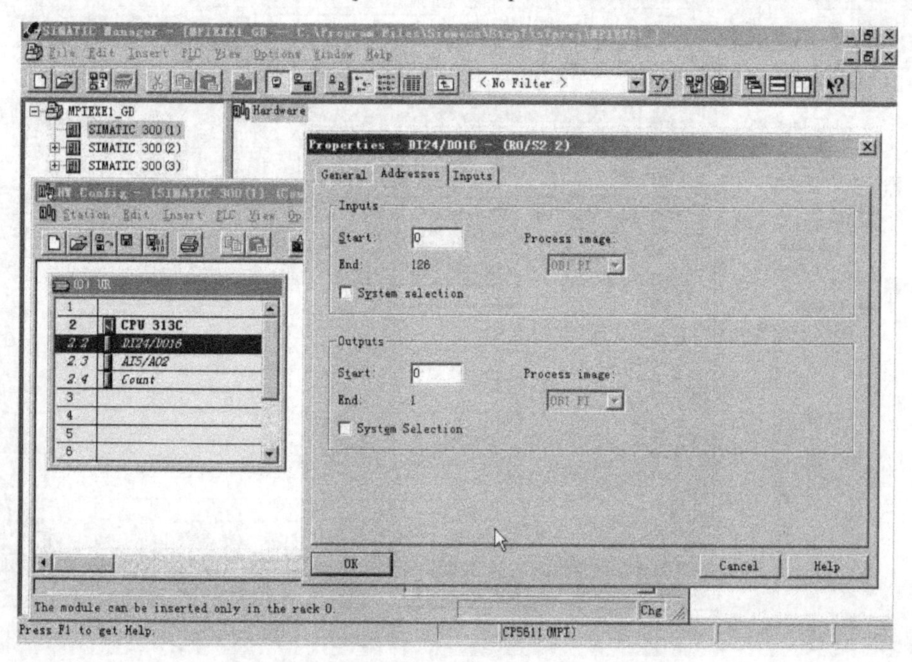

图 6-17　配置 CPU 的“Addresses”选项卡

设置完成后，将 STEP7 中的组态信息“保存编译”，最后“下载”到 PLC，完成硬件的组态。

3．定义全局数据（Define Global Data）

（1）组态数据的发送区和接收区

右击“MPI（1）”或选择“Options”项下的“Define Global Data（见图 6-18）”进入组态画面（见图 6-19）。

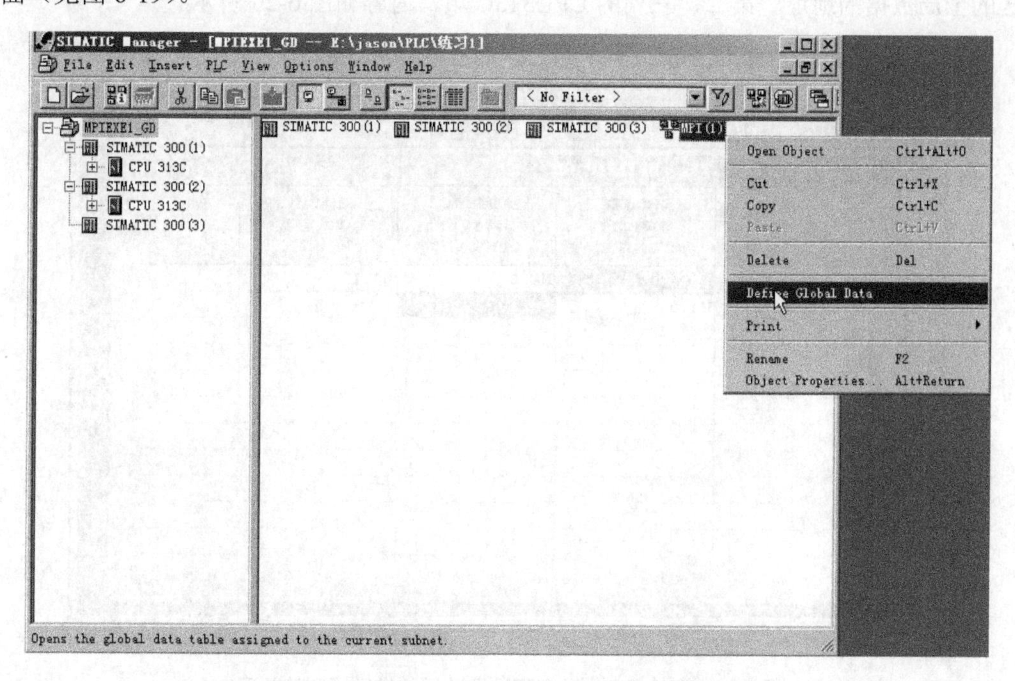

图 6-18　右击“MPI（1）”选择 “Define Global Data”

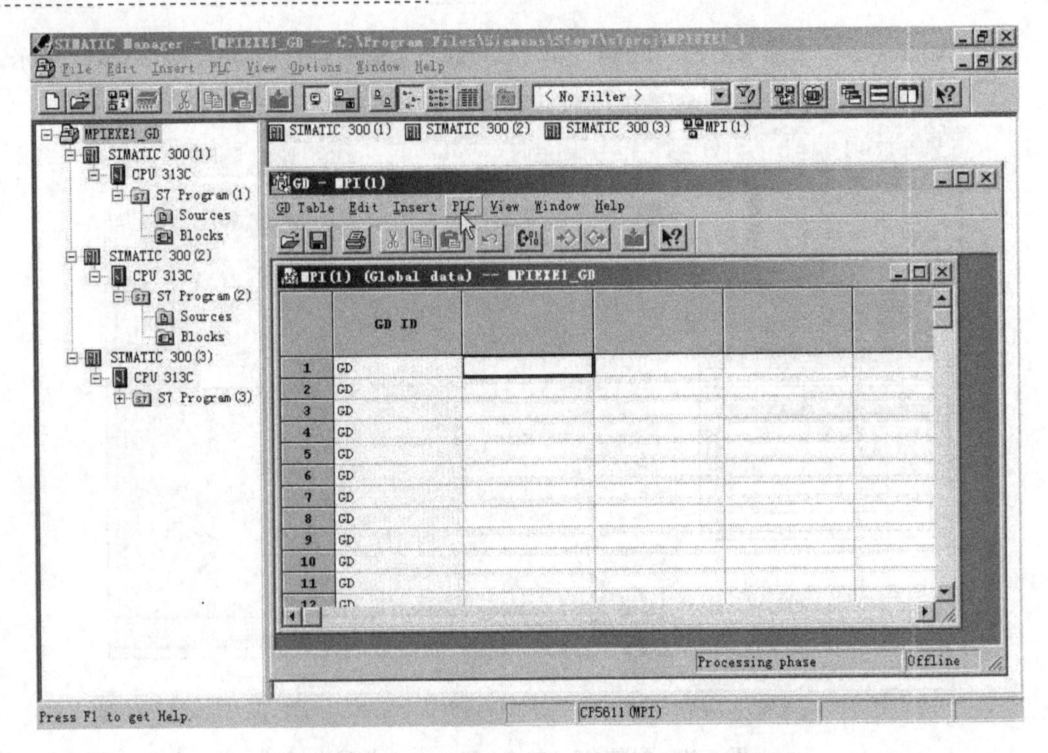

图 6-19　选择“Define Global Data”进入组态画面

（2）插入所有需要通信的 CPU

双击“GD ID”右边的 CPU 栏选择需要通信的 CPU。第一列的 CPU313C（1）的发送区填为“M1.0”,然后在菜单“Edit”下选择“Sender”设置为发送区，该方格变为深色，同时在单元中的左端出现符号“>”，表示在该行中 CPU313C（1）为发送站，在该单元中输入要发送的全局数据的地址。第二、三列的 CPU313C 填写内容如图 6-20 所示。

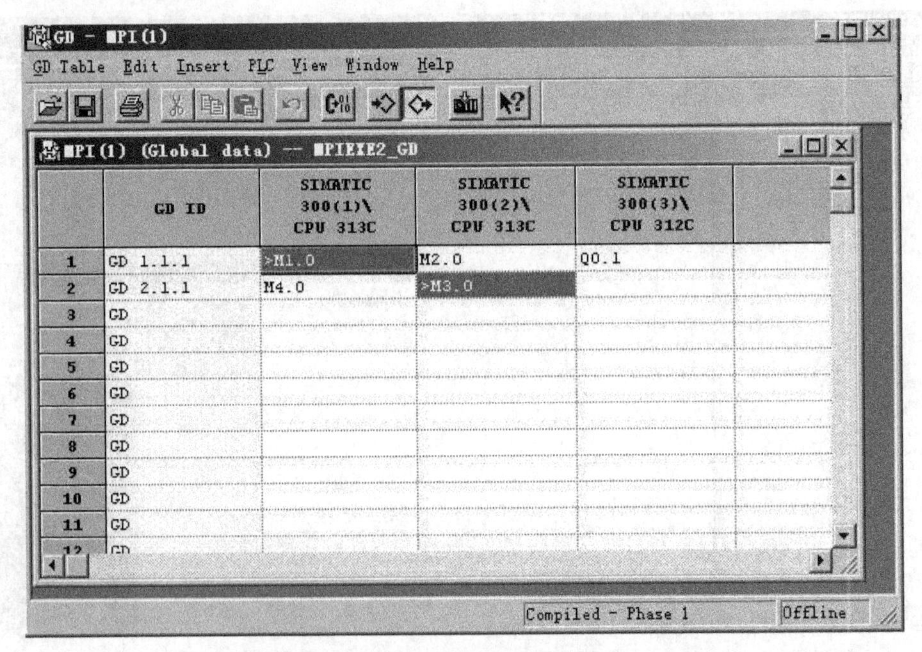

图 6-20　各个 CPU 栏底下设置数据的发送区和接收区

4．通过 LAD/STL/FBD 进行编程

分别在 CPU313C（1）和 CPU313C（2）中的 OB1 中编程，如图 6-21 和图 6-22 所示。再分别把程序“保存”和“下载”。

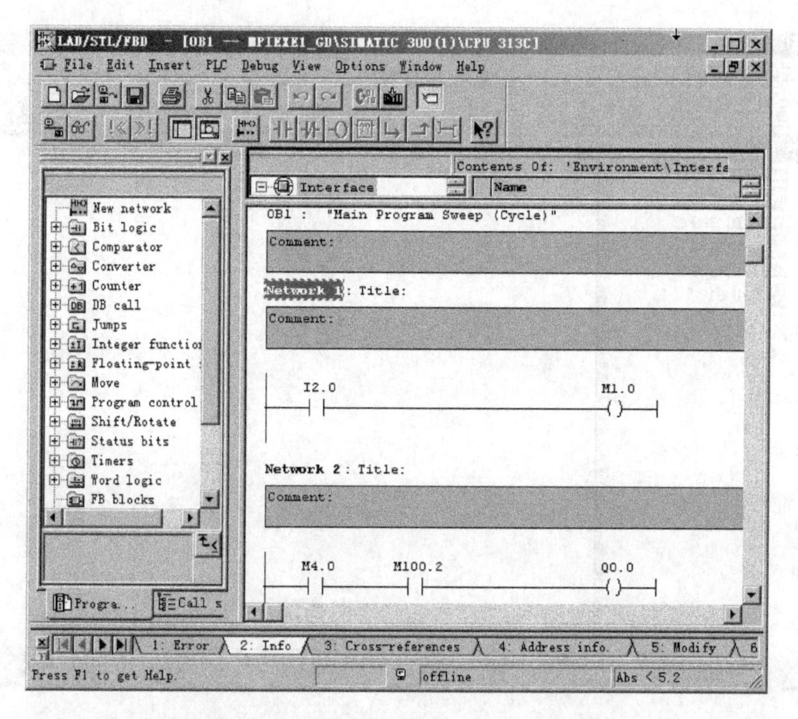

图 6-21　在 CPU313C（1）的 OB1 中编程

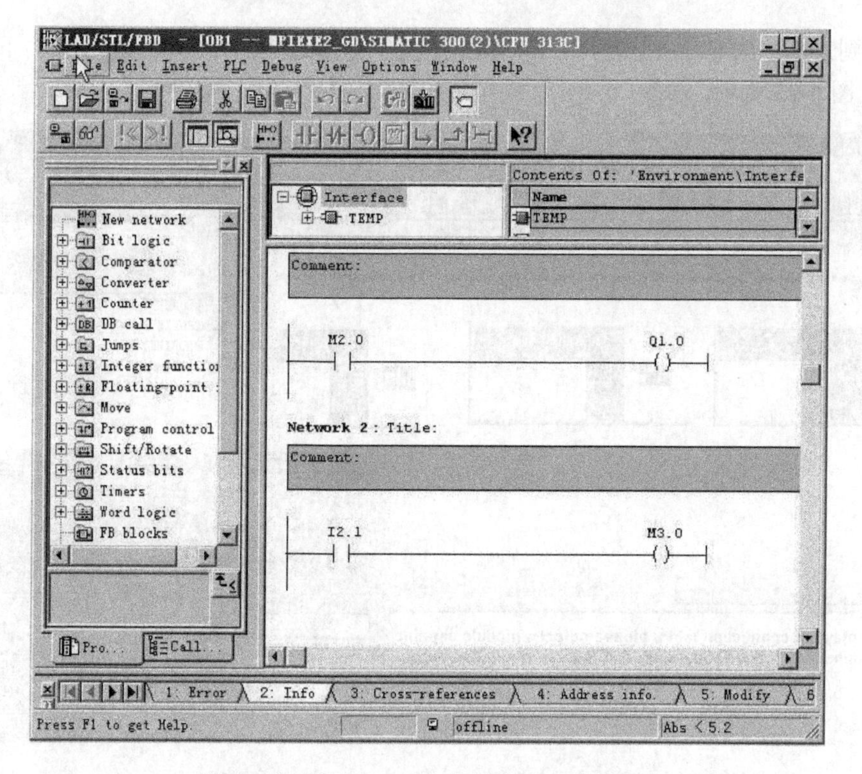

图 6-22　在 CPU313C（2）的 OB1 中编程

5．下载调试

在 SIMATIC Manager 界面里点击工具栏的“Configure Network ” 工具按钮，如图 6-23 所示。

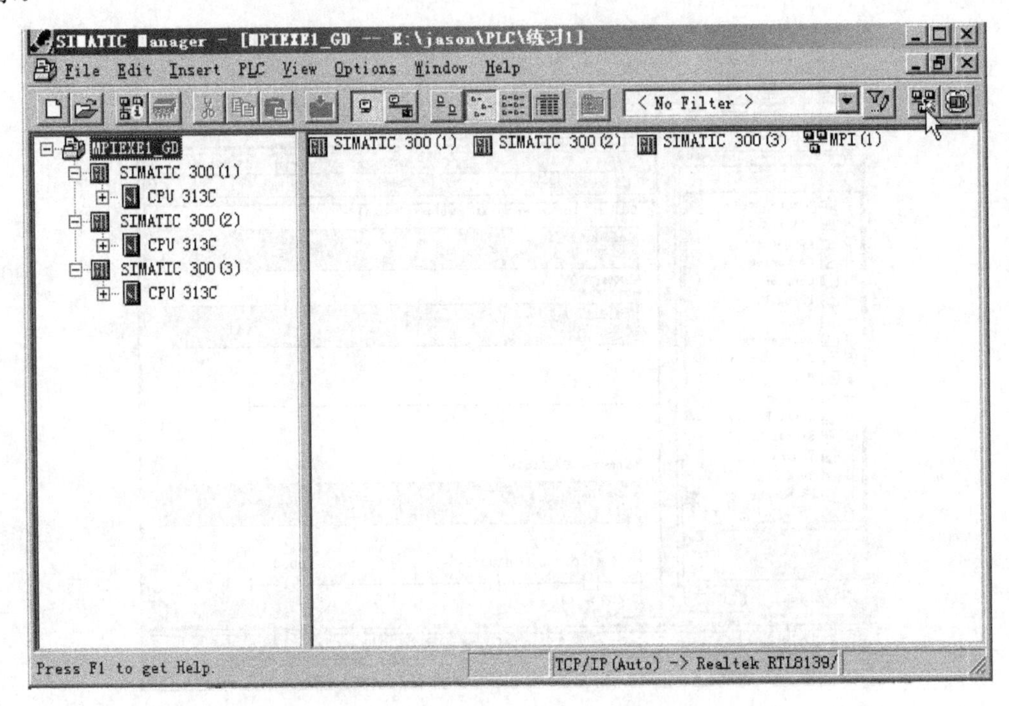

图 6-23 点击工具栏的“Configure Network”工具按钮

注意到三个站的 CPU 已经挂到了 MPI 网络中，全部选中三个站，“编译”和“下载”， 如图 6-24 和图 6-25 所示。

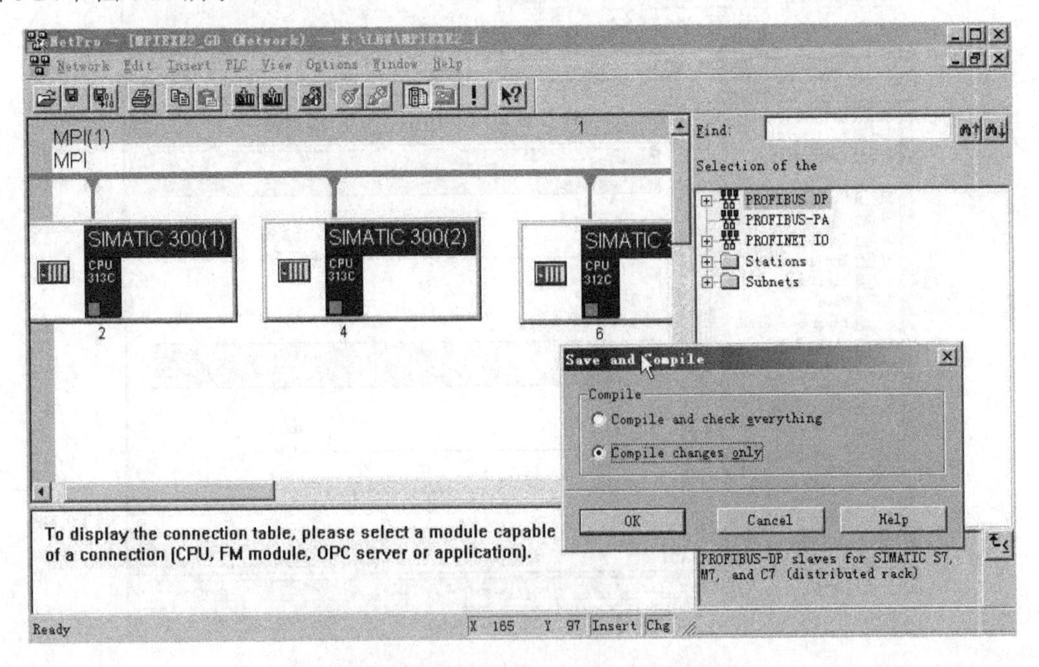

图 6-24 全部选中三个站，“编译”和“下载”

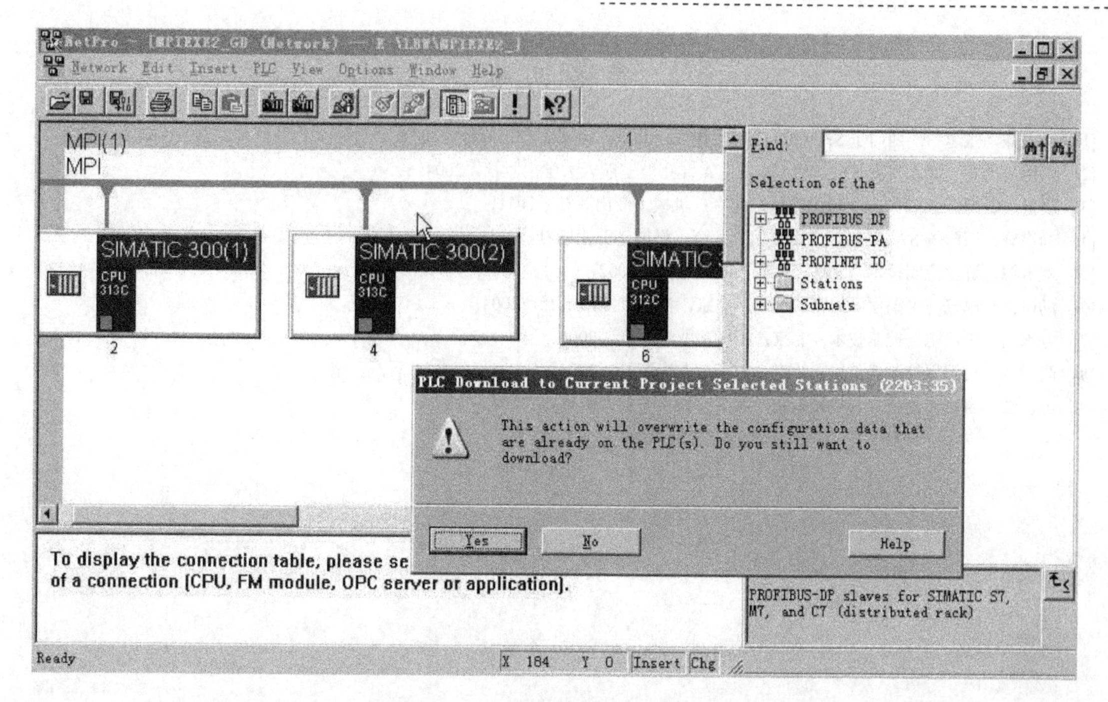

图 6-25　正在"编译"和"下载"

检查整个MPI网的连接情况可以通过点击工具栏的"Accessible Nodes "工具按钮，如图6-26所示。

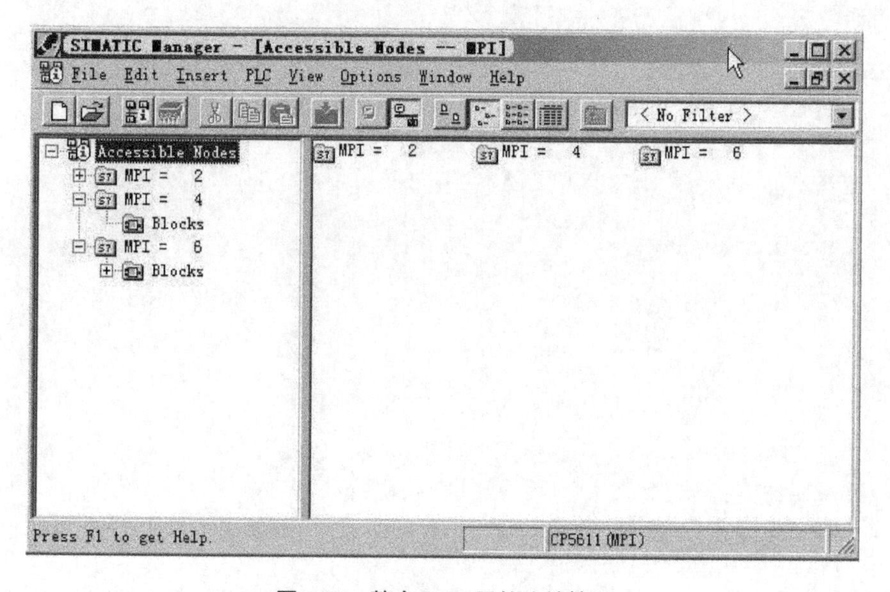

图 6-26　整个 MPI 网的连接情况

注意：PLC三个站的CPU模块上的按钮在运行前都需打一下"STOP"再"RUN"，以免被以前PLC里的程序结果影响。

6．运行

最后按下第一站的按钮I2.0，第二站的指示灯Q1.0和第三站的Q0.1会被点亮；松开按钮则会熄灭。按下第二站的按钮I2.1控制第一站的指示灯Q0.0以2.5Hz的频率闪烁。

参 考 文 献

[1] 秦溢霖，张志柏．西门子 S7-300PLC 应用技术．北京：电子工业出版社，2007.
[2] 刘锴，周海．深入浅出 S7-300PLC．北京：北京航空航天大学出版社，2004.
[3] 胡健．西门子 S7-300PLC 应用教程．北京：机械工业出版社，2011.
[4] 刘增辉．西门子 S7-300PLC 应用技术．北京：机械工业出版社，2011.
[5] 刘玉梅．过程控制技术．北京：化学工业出版社，2002.
[6] 汤以范．电气与可编程序控制器技术．北京：机械工业出版社，2004.
[7] 方承远．工厂电气控制技术．北京：机械工业出版社，2006.
[8] 胡学林．可编程控制器教程．北京：电子工业出版社，2005.
[9] 王永红．自动检测技术与控制装置．北京：化学工业出版社，2006.